U0173605

大家小书

华罗庚 著

数学知识竞赛五讲

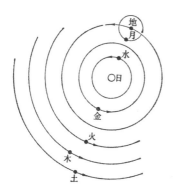

北京出版集团公司
北京出版社

图书在版编目（CIP）数据

数学知识竞赛五讲 / 华罗庚著. — 北京：北京出版社，2020.1

（大家小书）

ISBN 978-7-200-15143-5

Ⅰ. ①数… Ⅱ. ①华… Ⅲ. ①数学—普及读物 Ⅳ.① 01-49

中国版本图书馆 CIP 数据核字（2019）第 206708 号

总 策 划：安 东 高立志 责任编辑：高立志 邓雪梅

·大家小书·

数学知识竞赛五讲
SHUXUE ZHISHIJINGSAI WU JIANG

华罗庚 著

出　　版　北京出版集团公司
　　　　　北京出版社
地　　址　北京北三环中路 6 号
邮　　编　100120
网　　址　www.bph.com.cn
总 发 行　北京出版集团公司
印　　刷　北京华联印刷有限公司
经　　销　新华书店
开　　本　880 毫米 ×1230 毫米　1/32
印　　张　9.875
字　　数　165 千字
版　　次　2020 年 1 月第 1 版
印　　次　2023 年 5 月第 3 次印刷
书　　号　ISBN 978-7-200-15143-5
定　　价　49.00 元

如有印装质量问题，由本社负责调换
质量监督电话　010-58572393

总　序

袁行霈

　　"大家小书"，是一个很俏皮的名称。此所谓"大家"，包括两方面的含义：一、书的作者是大家；二、书是写给大家看的，是大家的读物。所谓"小书"者，只是就其篇幅而言，篇幅显得小一些罢了。若论学术性则不但不轻，有些倒是相当重。其实，篇幅大小也是相对的，一部书十万字，在今天的印刷条件下，似乎算小书，若在老子、孔子的时代，又何尝就小呢？

　　编辑这套丛书，有一个用意就是节省读者的时间，让读者在较短的时间内获得较多的知识。在信息爆炸的时代，人们要学的东西太多了。补习，遂成为经常的需要。如果不善于补习，东抓一把，西抓一把，今天补这，明天补那，效果未必很好。如果把读书当成吃补药，还会失去读书时应有的那份从容和快乐。这套丛书每本的篇幅都小，读者即使细细地阅读慢慢地体味，也花不了多少时间，可以充分享受读书的乐趣。如果把它们当成补药来吃也行，剂量小，吃起来方便，消化起来也容易。

我们还有一个用意，就是想做一点文化积累的工作。把那些经过时间考验的、读者认同的著作，搜集到一起印刷出版，使之不至于泯没。有些书曾经畅销一时，但现在已经不容易得到；有些书当时或许没有引起很多人注意，但时间证明它们价值不菲。这两类书都需要挖掘出来，让它们重现光芒。科技类的图书偏重实用，一过时就不会有太多读者了，除了研究科技史的人还要用到之外。人文科学则不然，有许多书是常读常新的。然而，这套丛书也不都是旧书的重版，我们也想请一些著名的学者新写一些学术性和普及性兼备的小书，以满足读者日益增长的需求。

"大家小书"的开本不大，读者可以揣进衣兜里，随时随地掏出来读上几页。在路边等人的时候，在排队买戏票的时候，在车上、在公园里，都可以读。这样的读者多了，会为社会增添一些文化的色彩和学习的气氛，岂不是一件好事吗？

"大家小书"出版在即，出版社同志命我撰序说明原委。既然这套丛书标示书之小，序言当然也应以短小为宜。该说的都说了，就此搁笔吧。

忆华罗庚先生的数学教育与普及工作

王　元

一

中国古代数学曾有过极为光荣的传统与贡献。由于我国长期处于封建社会，而西方已进入资本主义社会，我国的数学落后了。我国现代的数学研究是 20 世纪 20 年代开始的。华罗庚教授是中国解析数论，典型群，矩阵几何学，自守函数论与多个复变数函数论等很多方面研究的创始人与开拓者，也是我国进入世界著名数学家行列最杰出的代表。迄今他共发表学术论文约二百篇，专著十本，其中有八本被国外翻译出版，有些可列入本世纪经典著作之列。他被选为美国科学院国外院士，法国南锡大学与香港中文大学授予他荣誉博士。他的名字已进入美国华盛顿斯密司－宋尼博物馆，也被列为芝加哥科学技术博物馆中当今 88 位数学伟人之一。外国报刊上征引了很多著名数学家对他的赞扬："由于他工作范围之广，使他堪称世界名列前茅的数学家之一"（劳埃尔·熊飞尔德），"他是绝对第一流的数学家，他是作出特多贡献的人"（李普曼·贝尔斯）。"受他直接影响的人也许比受历史上任何数学家直接影响的人都多，他有一个普及数学的方法"（罗兰德·格雷汉），等等。这些绝非溢美之词，他是当之无愧的。

本文不准备介绍他的学术成就，有兴趣的读者可以参看最近斯普林格出版社出版的《华罗庚论文选集》及他的一些著作。但是，华罗庚教授不仅是一位卓越的数学家，他对组织领导工作、教育工作、普及工作也作出了出色的贡献。特别是他多年来从事应用数学的研究与推广工作，收效极为丰富，影响甚为深远。本文将就这些方面作一些简略的介绍。

二

正当他年富力强，风华正茂，创作处于最高潮的时刻，中国新民主主义革命成功了。中华人民共和国成立的消息很快传到了美国。他毅然放弃了伊利诺大学终身教授席位，于1950年带领全家回到北京。那时帝国主义封锁我们，旧中央研究院数学所的图书馆又搬到台湾去了。他就在这个时刻担当起中国科学院数学研究所所长职务，负责新建数学所的重任。在这样艰难的工作与生活条件下，以他为核心与榜样，数学所上下团结一致，艰苦工作，不到五年，就初具规模，涌现出一批出色的成果与人才，受到国内外的高度赞扬。这与他卓越的领导是分不开的。

他深知培养中国青年数学家的重要。新中国成立后，他始终抓紧这项工作，不仅向他们传授数学知识和治学方法，更注意教育他们热爱祖国和人民，教育他们有良好的学术品德和作风。

他的宝贵治学经验只有较少一些已写成文章发表，特别在20世纪60年代以后，他很少有时间再去撰写这方面的文章，这是很可惜的。

早在50年代初，他就提出"天才在于积累，聪明在于勤奋"，虽然他聪明过人，但他从不夸耀自己的天分，而是把比"聪明"重要得多的"勤奋"与"积累"看作两把成功的钥匙。反复告诉青年人，要他们学数学做到"拳不离手，曲不离口"，经常地锻炼自己。

当时他领导的两个数论讨论班，一个是基础性的：由他每周讲一次，讲义交给学生分别负责仔细阅读，反复讨论后再定稿；另一个是哥德巴赫问题讨论班，由学生轮流报告，每一点疑难，他都要当场追问清楚，学生常常被挂在黑板上下不了台。在节假日，他还常到宿舍找学生谈数学问题。除此而外，他还领导了代数学与多个复变函数论的研究工作。对全所的研究工作，他都亲自过问。在不到五年的时间里，受他直接领导而很好成长的学生就有越民义，万哲先，陆启铿，龚升，王元，许孔时，陈景润，吴方，魏道政，严士健与潘承洞等。这些人都成为了院士和教授，是我国数学界的骨干，有些已是国际知名数学家。受过他影响的数学家更是不胜枚举。

其实早在40年代，他就在昆明西南联大领导了一个讨论班，在讨论班中受到教益而成为著名数学家的有段学复，闵嗣鹤，樊𰵄与徐贤修等人。

50年代中期，他又提出"要有速度，还要有加速度"。所谓"速度"就是出成果，所谓"加速度"就是成果的质量要不断提高。这是针对当时数学所已经出了一批成果，有些人有自满情绪，写了一些同等水平的文章。他这一意见，正是针对这种倾向，鼓励大家千万不要自满，要继续攀登高峰。

在治学方面，他总是不吃老本，永远向前看。当他成为世界著名数论学家时仍不停步，宁可另起炉灶，研究新领域代数学与复分析。到他老年时，还勇敢地接触新的数学领域，如近似积分与偏微分方程等。他要大家不要"画地为牢"，要抓紧机会学习别人的长处与锻炼自己。特别他提出了"专"与"漫"的关系。首先要专，使研究工作深入，然后必须注意从自己的专长出发，向有关方面漫出去，扩大研究领域。

十年浩劫中，受了林彪、"四人帮"的毒害，一些人包括青年人中不良学风颇为盛行，表现在粗制滥造，争名夺利，任意吹嘘。这些作风，使他深感痛心。1978年，他语重心长地提出"早发表，晚评价"。后来又提出"努力在我，评价在人"。自然科学的成果，常需经时间检验，才能逐渐清楚其价值，刚一发表就吹嘘，本身就是违反科学的客观规律的。

他对自己的要求比对其他人更严格了。当他以古稀高龄到西欧与美国讲学时，他向自己提出"弄斧必到班门"。意思是到一个单位去演讲，最好讲该单位专长的内容，这样才能得到更多的帮助。

他深知年龄是不饶人的。在1979年，他指出："树老易空，人老易松，科学之道，戒之以空，戒之以松，我愿一辈子从实以终，这是我对自己的鞭策，也可以说是我今后的打算。"

他正是以"实"与"紧"要求自己，即使在卧病之中，仍然坚持工作；并且说："我的哲学不是生命尽量延长，而是工作尽量多做。"

三

当然，能够在华罗庚教授身边工作，承受他的身教与言教的学生总还是极少数人．早在50年代，他就注意发现社会上的卓越人才．陈景润就是他发现并推荐到数学所工作的．他是由于见到陈景润对塔内问题有些见解，而看出陈景润是一个可造就的人才的．这件好事情，居然使他在历次政治运动中受到错误的批判，说他重视"只专不红"的人，使他无法再作推荐人才的工作．

他是我国在中学进行数学竞赛活动的热心创始人、组织者与参加者．50年代北京的历次数学竞赛活动，他都参与组织，从出试题，到监考、改试卷都亲自参加，也多次到外地去推动这一工作．特别在竞赛前，他都亲自给学生作报告，作为动员．他写的几本通俗读物《从杨辉三角谈起》、《从祖冲之的圆周率谈起》、《从孙子的"神奇妙算"谈起》、《数学归纳法》等，都源出于当时的报告．这些报告不仅传授知识，还富于启发性，更重要的是这些报告都是极好的爱国主义教材．杨辉、祖冲之都是我国古代的卓越数学家．"神奇妙算"是《孙子算经》中的光辉篇章．《数学归纳法》中有一个李善兰恒等式的证明，这还有个故事．当匈牙利数学家保尔·吐朗来北京访问时，曾讲了这个恒等式，并用兰向达多项式等高深知识给出了一个证明．中国人难道不能给他们祖先提出的问题一个数学证明吗？他连夜思考，终于在与吐朗临别时，给了他一个非常初

数学知识竞赛五讲

等、漂亮的证明。这些书一版再版，在青年中广为流传，是他们最喜欢的课外书籍之一。

他撰写《数论导引》、《典型群》与《多个复变数典型域上的调和分析》的同时，曾引导一些青年人进入数学研究领域，使他们成为很好的数学家。从1958年开始，他到中国科学技术大学数学系授课，由王元任助手。他计划撰写四卷《高等数学引论》，作为近代数学的基础丛书。可惜只出版了一卷半，手稿都在十年浩劫中丢失了。

在教课过程中，他非常注意教学改革。他提倡启发式教学，强调数学各分科之间的内在联系。因此基础课统一成一门课，共三年半时间，这种体系被称为"一条龙"。他还特别强调理论联系实际。例如在讲到用有理数贯逼近实数时，当给了实数，如何构造有理数贯？他介绍了"连分数"。连分数在天文学上的一系列应用也就顺带讲了。"数值积分"到底用到哪里去？我们向地理学家与地质学家请教，学会了不少实用的有效方法。他从理论上对这些方法加以总结提高，弄清了他们之间的关联与误差估计。这些成果总结于"关于在等高线图上计算矿藏储量与坡地面积的问题"之中。在中、小学数学课中，学习的都是"离散性的数学"，但大学一开始学习的微积分就是"连续性数学"，容易造成一个错觉，即"连续性数学"比"离散性数学"更优越或更能解决问题。在文章"有限与无穷，离散与连续"中，用一系列生动的例子说明了"离散性数学"的重要性，特别指出，本来是离散性的数学问题，最好采用离散性方法来处理。文章发表后二十年的数学发展表明，离散性数学方法在应用数学中的重要性已经日趋显要。这充分表明他当时的见解是有深刻预见性的。

目　录

1. 从杨辉三角谈起

2. 从祖冲之的圆周率谈起

3. 从孙子的"神奇妙算"谈起

4. 数学归纳法

5. 谈谈与蜂房结构有关的数学问题

大哉数学之为用

数学知识竞赛五讲

1. 从杨辉三角谈起

写在前面

这本小册子第 2 页[①]上所载的图形，称为"杨辉三角"。杨辉三角并不是杨辉发明的，原来的名字也不是"三角"，而是"开方作法本源"；后来也有人称为"乘方求廉图"。这些名称实在太古奥了些，所以我们简称之为"三角"。

杨辉是我国宋朝时候的数学家，他在公元 1261 年著了一本叫作《详解九章算法》的书，里面画了这样一张图，并且说这个方法是出于《释锁算书》，贾宪曾经用过它。但《释锁算书》早已失传，这书刊行的年代无从查考，是不是贾宪所著也

---

① 本书第 2 页.

不可知，更不知道在贾宪以前是否已经有这个方法．然而有一点是可以肯定的，这一图形的发现在我国应当不迟于1200年左右．在欧洲，这图形称为"帕斯卡（Pascal）三角"，因为一般都认为这是帕斯卡在1654年发明的．其实在帕斯卡之前已有许多人论及过，最早的是德国人阿批纳斯（Pertrus Apianus），他曾经把这个图形刻在1527年著的一本算术书的封面上．可是无论怎样，杨辉三角的发现，在我国比在欧洲至少要早300年光景．

数学知识竞赛五讲

这本小册子是为中国数学会创办数学竞赛而作的，其中一部分曾经在中国数学会北京分会和天津分会举办的数学通俗讲演会上讲过．它的目的是给中学同学们介绍一些数学知识，可以充当中学生的课外读物．因此，我们既不钻进考证的领域，为这一图形的历史多费笔墨，也不只是限于古代的有关杨辉三角的知识，而是从我国古代的这一优秀创造谈起，讲一些和这图形有关的数学知识．由于读者对象主要是中学生，我们不得不把论述的范围给予适度的限制．

我必须在此感谢潘一民同志，本书的绝大部分是他根据我的非常简略的提纲写出的．

华罗庚

1956 年 6 月序于清华园

一 杨辉三角的基本性质

我们先来考察一下杨辉三角里面数字排列的规则. 一般的杨辉三角是如下的图形:

$$
\begin{array}{ccccccccccccc}
& & & & & & 1 & & & & & & \\
& & & & & 1 & & 1 & & & & & \\
& & & & 1 & & 2 & & 1 & & & & \\
& & & 1 & & 3 & & 3 & & 1 & & & \\
& & 1 & & 4 & & 6 & & 4 & & 1 & & \\
& 1 & & 5 & & 10 & & 10 & & 5 & & 1 & \\
1 & & 6 & & 15 & & 20 & & 15 & & 6 & & 1
\end{array}
$$

············

第 n 行 $\quad 1,\ C_{n-1}^{1},\ C_{n-1}^{2}\ \cdots,\ C_{n-1}^{r-1},\ C_{n-1}^{r},\ \cdots,\ C_{n-1}^{n-2},\quad 1$

第 $n+1$ 行 $\quad 1,\ C_{n}^{1},\ C_{n}^{2},\ \cdots,\qquad C_{n}^{r},\ \cdots,\qquad C_{n}^{n-1},\quad 1$

············

这里, 记号 C_{n}^{r} 是用来表示下面的数:

$$
\begin{aligned}
C_{n}^{r} &= \frac{n(n-1)\cdots(n-r+1)}{r!} \\
&= \frac{n!}{r!\,(n-r)!},
\end{aligned}
$$

而记号 $n!$ [同样 $r!$ 和 $(n-r)!$]，我们知道它是代表从 1 到 n 的连乘积 $n(n-1)(n-2)\cdots3\cdot2\cdot1$，称为 n 的阶乘. 学过排列组合的读者还可以知道，C_n^r 也就是表示从 n 件东西中取出 r 件东西的组合数.

从上面的图形中我们能看出什么呢？就已经写出的一些数目字来看，很容易发现这个三角形的两条斜边都是由数字 1 组成的，而其余的数都等于它肩上的两个数相加. 例如 $2 = 1+1$，$3 = 1+2$，$4 = 1+3$，$6 = 3+3$，…. 其实杨辉三角就正是按照这个规则作成的. 在一般的情形，因为

$$C_{n-1}^{r-1} + C_{n-1}^r = \frac{(n-1)!}{(r-1)!(n-r)!} + \frac{(n-1)!}{r!(n-1-r)!}$$

$$= \frac{(n-1)!}{r!(n-r)!}[r+(n-r)]$$

$$= \frac{n!}{r!(n-r)!} = C_n^r,$$

这说明了，上图中的任一数 C_n^r 等于它肩上的两数 C_{n-1}^{r-1} 和 C_{n-1}^r 的和.

为了方便起见，我们把本来没有意义的记号 C_n^0 和 C_{n-1}^n 令它们分别等于 1 和 0，这样就可以把刚才得到的结果写成关系式：

$$\boxed{C_{n-1}^{r-1} + C_{n-1}^r = C_n^r, (r = 1,2,\cdots,n)}$$

而称它为**杨辉恒等式**.这是杨辉三角最基本的性质.

对于杨辉三角的构成,还可以有一种有趣的看法.

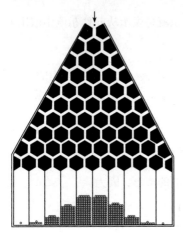

图 1

如图 1,在一块倾斜的木板上钉上一些正六边形的小木块,在它们中间留下一些通道,从上部的漏斗直通到下部的长方框子.把小弹子倒在漏斗里,它首先会通过中间的一个通道落到第二层六角板上面,以后,落到第二层中间一个六角板的左边或右边的两个竖直通道里去.再以后,它又会落到下一层的三个竖直通道之一里面去.这时,如果要弹子落在最左边的通道里,那么它一定要是从上一层的左边通道里落下来的才行(1 个可能情形);同样,如果要它落在最右边的通道里,它也非要从上一层的右边通道里落下来不可(1 个可能情形);至于要它落在中间的通道里,那就无论它是从上一层的左边或右边落下来的都成(2 个可能情形).

这样一来,弹子落在第三层(有几个竖直通道就算第几层)的通道里,按左、中、右的次序,分别有 1,2,1 个可能情形. 不难看出, 在再下面的一层(第四层), 左、右两个通道都只有 1 个可能情形(因为只有当弹子是从第三层的左边或右边落下来时才有可能); 而中间的两个通道, 由于它们可以接受从上一层的中间和一边(靠左的一个可以接受左边, 靠右的一个可以接受右边)掉下来的弹子, 所以它们所有的可能情形应该分别是第三层的中间和一边(左边或右边)的可能情形相加, 即是 3 个可能情形. 因此第四层的通道按从左到右的次序, 分别有 1, 3, 3, 1 个可能情形.

照同样的理由类推下去, 我们很容易发现一个事实, 就是任何一层的左右两边的通道都只有一个可能情形, 而其他任一个通道的可能情形, 等于它左右肩上两个通道的可能情形相加. 这正是杨辉三角组成的规则. 于是我们知道, 第 $n+1$ 层通道从左到右, 分别有 1, C_n^1, C_n^2, $\cdots$, C_n^{n-1}, 1 个可能情形.

我们还可以这样来看上面的结论: 如果在倾斜板上做了 $n+1$ 层通道; 从顶上漏斗里放下 $1+C_n^1+C_n^2+\cdots+C_n^{n-1}+1$ 颗弹子, 让它们自由地落下, 掉在下面的 $n+1$ 个长方框里. 那么分配在各个框子中的弹子的正常数目(按照可能情形来计算), 正好是杨辉三角的第 $n+1$ 行. 注意, 这是指"可能性"而不是绝对如此. 这种现象称为概率现象.

以下我们来讨论杨辉三角的一些应用.

二　二项式定理

　　和杨辉三角有最直接联系的是二项式定理. 学过初中代数的人都知道：

$$(a+b)^1 = a+b,$$

$$(a+b)^2 = a^2 + 2ab + b^2,$$

$$(a+b)^3 = a^3 + 3a^2b + 3ab^2 + b^3,$$

$$(a+b)^4 = a^4 + 4a^3b + 6a^2b^2 + 4ab^3 + b^4,$$

$$\cdots\cdots\cdots\cdots\cdots\cdots\cdots\cdots\cdots\cdots\cdots\cdots\cdots\cdots\cdots,$$

这里，$(a+b)^3$ 展开后的系数 1，3，3，1 就是杨辉三角第四行的数字. 不难算出 $(a+b)^6$ 的系数是 1，6，15，20，15，6，1，即杨辉三角第七行的数字. 所以杨辉三角可以看作是二项式的乘方经过分离系数法后列出的表. 实际上，我们可以证明这样的事实：一般地说，$(a+b)^n$ 的展开式的系数就是杨辉三角中第 $n+1$ 行的数字

$$1,\ C_n^1,\ C_n^2,\ \cdots,\ C_n^r,\ \cdots,\ C_n^{n-1},\ 1,$$

即

$$(a+b)^n = a^n + na^{n-1}b + \frac{n(n-1)}{2!}a^{n-2}b^2 + \cdots$$

$$+ \frac{n(n-1)\cdots(n-r+1)}{r!} a^{n-r}b^r + \cdots + b^n$$

$$= a^n + C_n^1 a^{n-1}b + C_n^2 a^{n-2}b^2 + \cdots + C_n^r a^{n-r}b^r + \cdots + b^n.$$

这便是有名的二项式定理.

要证明这个定理并不难,我们可以采用一个在各门数学中都被广泛地应用到的方法——数学归纳法.数学归纳法的用途是它可以推断某些在一系列的特殊情形下已经成立了的数学命题,在一般的情形是不是也真确.它的原理是这样的:

假如有一个数学命题,合于下面两个条件:(1)这个命题对 $n=1$ 是真确的;(2)如设这个命题对任一正整数 $n=k-1$ 为真确,就可以推出它对于 $n=k$ 也真确.那么这个命题对于所有的正整数 n 都是真确的.

事实上,如果不是这样,就是说这个命题并非对于所有的正整数 n 都是真确的,那么我们一定可以找到一个最小的使命题不真确的正整数 m.显然 m 大于 1,因为这个命题对 $n=1$ 已经知道是真确的[条件(1)].因此 $m-1$ 也是一个正整数.但 m 是使命题不真确的最小的正整数,所以命题对 $n=m-1$ 一定真确.这样就得出,对于正整数 $m-1$ 命题是真确的,而对于紧接着的正整数 m 命题不真确.这和数学归纳原理中的条件(2)相冲突.

数学归纳法是数学中一个非常有用的方法，我们在以后各节中还将不止一次地用到它。读者如果想详细了解这一原理和更多的例题，我建议去读索明斯基(И. С. Соминский)著的小册子《数学归纳法》①。但我想在这儿赘上一句：归纳法的难点不在于证明，而在于怎样预知结论。读者在做完归纳法的习题以后，试想一下这些习题人家是怎样想出来的!

现在我们就用数学归纳法来证明二项式定理。

从本节开头所列举出来的而为大家所熟知的恒等式(这些恒等式可以把它们的左边直接乘出而得到证明)可以看出，二项式定理对于 $n=1$，2，3 的情形的确是成立的。这便满足了数学归纳法的条件(1)(其实只要对 $n=1$ 成立就够了)。另一方面，假设定理对任一正整数 $n=k-1$ 成立。那么，因为

$$(a+b)^k = (a+b)(a+b)^{k-1}$$
$$= (a+b)(a^{k-1}+C_{k-1}^1 a^{k-2}b+\cdots+C_{k-1}^r a^{k-1-r}b^r+\cdots+b^{k-1})$$
$$= (a^k+C_{k-1}^1 a^{k-1}b+\cdots+C_{k-1}^r a^{k-r}b^r+\cdots+ab^{k-1}) +$$
$$\quad (a^{k-1}b+\cdots+C_{k-1}^{r-1}a^{k-r}b^r+\cdots+C_{k-1}^{k-2}ab^{k-1}+b^k)$$
$$= a^k+(1+C_{k-1}^1)a^{k-1}b+\cdots+(C_{k-1}^{r-1}+C_{k-1}^r)a^{k-r}b^r+\cdots$$
$$\quad +(C_{k-1}^{k-2}+1)ab^{k-1}+b^k,$$

① 《数学归纳法》，高彻译，中国青年出版社出版。

再由杨辉恒等式(注意 $C_{k-1}^0 = C_{k-1}^{k-1} = 1$)，便得到:

$$(a+b)^k = a^k + C_k^1 a^{k-1} b + \cdots + C_k^r a^{k-r} b^r + \cdots + C_k^{k-1} ab^{k-1} + b^k.$$

所以条件(2)也是满足的. 于是我们的定理用数学归纳法得到了证明.

顺便指出，由二项式定理可以得出一些有趣的等式，例如:

$$2^n = (1+1)^n = 1 + C_n^1 + C_n^2 + \cdots + C_n^{n-1} + 1,$$

$$0 = (1-1)^n = [1 + (-1)]^n$$

$$= 1 - C_n^1 + C_n^2 - \cdots + (-1)^{n-1} C_n^{n-1} + (-1)^n.$$

第一个等式说明杨辉三角的第 $n+1$ 行的数字的和等于 2^n；而第二个等式说明它们交错相加相减，所得的数值是 0. 利用前一式，我们可以把第一节中图 1 所表示的结论讲得更清楚些：如果倒进漏斗的小弹子数是 2^n，那么掉在第 $n+1$ 层各框子里的数目是 1，C_n^1，$\cdots$，C_n^{n-1}，1(注意概率现象).

三　开　方

杨辉三角在我国古代大多是用来作为开方的工具. 直到现在，我们在代数学中学到的开平方和开立方的方法，仍然是从杨辉三角中得来的.

譬如拿开平方来说吧，因为有等式

$$(a+b)^2 = a^2 + 2ab + b^2 = a^2 + (2a+b)b,$$

所以我们可以把一个数的平方根分成几位数字来求：先求出平方根的最高位数 a①，再从原来的数减去初商 a 的平方而得出余数．如果原来的数可以表成 $(a+b)^2$ 的形式，那么这个余数一定能写成 $(2a+b)b$ 的样子．我们可用 $2a$ 去试除余数，看看商数是多少，然后定出平方根的第二位数（次高位数）b（b 一定不会大于 $2a$ 除余数的商）．假如 $(2a+b)b$ 刚好等于这个余数，那么原数的平方根就等于 $(a+b)$；不然的话，我们又可以把 $a+b$ 当成原来的 a，而将这一手续继续进行下去．

同样，如果要求一个数的立方根，根据等式

$$(a+b)^3 = a^3 + 3a^2b + 3ab^2 + b^3$$

$$= a^3 + (3a^2 + 3ab + b^2)b,$$

可以先求出它的最高位数 a，再从原来的数减去 a 的立方而得出余数．然后用 $3a^2$ 去试除余数，定出立方根的次高位数 b，再从余数减去 $(3a^2 + 3ab + b^2)b$．如果得到的新余数等于 0，那么立方根就是 $a+b$；不然的话，又可以把 $a+b$ 当成 a 而继

①　这里，十位数 = 十位数字 ×10；百位数 = 百位数字 ×100；以下类推．

续进行这些步骤.

从理论上说，有了杨辉三角，就可以求任何数的任意高次方根，只不过是次数愈高，计算就愈加繁复罢了．下面我们举一个开 5 次方的例子：

例 求 1419857 的 5 次方根．

因为

$$(a+b)^5 = a^5 + 5a^4b + 10a^3b^2 + 10a^2b^3 + 5ab^4 + b^5$$
$$= a^5 + (5a^4 + 10a^3b + 10a^2b^2 + 5ab^3 + b^4)b,$$

所以有算式：

$$\underline{\dfrac{10 \quad + \quad 7 \cdots (a+b)}{14,\ 19857}}$$

$$1,\ 00000 \cdots a$$

$5a^4 \cdots\cdots\cdots\cdots\cdots 5 \times 10^4 = 50000$ | 13, 19857

$10a^3b \cdots\cdots 10 \times 10^3 \times 7 = 70000$

$10a^2b^2 \cdots\cdots 10 \times 10^2 \times 7^2 = 49000$

$5ab^3 \cdots\cdots\cdots 5 \times 10 \times 7^3 = 17150$

$b^4 \cdots\cdots\cdots\cdots\cdots\cdots\underline{7^4 = 2401}$

$5a^4 + 10a^3b + 10a^2b^2$

$\quad + 5ab^3 + b^4 \cdots\cdots\cdots 188551$ | 13, 19857 $\cdots (5a^4 + 10a^3b +$
                                          | $10a^2b^2 + 5ab^3 + b^4)b,$

于是得出 $\qquad\sqrt[5]{1419857} = 17.$

四　高阶等差级数

大家都知道，如果一个级数的每一项减去它前面的一项所得的差都相等，这个级数就叫作等差级数．但对于某些级数而言，这样得出来的差并不相等，而是构成一个新的等差级数，那么我们就把它们叫作**二阶等差级数**．列成算式来说，二阶等差级数就是满足条件

$$(a_3 - a_2) - (a_2 - a_1) = (a_4 - a_3) - (a_3 - a_2) = \cdots$$
$$= (a_n - a_{n-1}) - (a_{n-1} - a_{n-2}) = \cdots$$

的级数，而这里的 a_1，a_2，$\cdots$，a_n 分别是这个级数的第 1，第 2，$\cdots$，第 n 项．同样，如果一个级数的各项同它的前一项的差构成一个二阶等差级数，便叫作**三阶等差级数**．这个定义很自然地可以推广到一般的情形：设 r 是一个正整数，所谓 r 阶等差级数就是这样的级数，它的各项同它的前一项的差构成一个 $r-1$ 阶等差级数．二阶以上的等差级数我们总称**高阶等差级数**．

高中程度的读者都熟悉求等差级数的和的公式．本节的任务就是利用杨辉三角来讨论一般的高阶等差级数的和．

我们先从以下的一批公式入手：

$$1 + 1 + 1 + \cdots + 1 = n,$$

$$1 + 2 + 3 + \cdots + (n-1) = \frac{1}{2}n(n-1),$$

$$1 + 3 + 6 + \cdots + \frac{1}{2}(n-1)(n-2) = \frac{1}{3!}n(n-1)(n-2),$$

$$1 + 4 + 10 + \cdots + \frac{1}{3!}(n-1)(n-2)(n-3)$$

$$= \frac{1}{4!}n(n-1)(n-2)(n-3),$$

....

一般性的公式可以猜到应当是：

$$C_r^r + C_{r+1}^r + C_{r+2}^r + \cdots + C_{n-1}^r = C_n^{r+1}, \quad (n > r). \qquad (1)$$

上面列举的式子分别是 r = 0，1，2，3 的情形．

这些恒等式的正确性可以从杨辉三角中直接看得出来．

因为杨辉三角的基本
性质是：其中任一数
等于它左右肩上的二
数的和．我们从图中
一个确定的数开始，
它是它左右肩上的二
数的和；然后把左肩

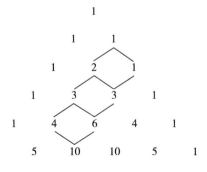

固定，而考虑右肩，它又是它的左右肩上的二数的和．这样推上去，总是把左肩固定，而对右肩运用这个规则，最后便得出：从一数的"左肩"出发，向右上方作一条和左斜边平行的直线，位于这条直线上的各数的和等于该数．如果选择杨辉三角的第 $n+1$ 行的第 $r+1$ 个数作为开始的数，那么这里的结果就正是我们所要证明的恒等式(1)．图中所举的例子是

$$10 = 4+6 = 4+(3+3) = 4+[3+(2+1)],$$

即得

$$1+2+3+4 = 10.$$

用数学归纳法来证明恒等式(1)也是不困难的，不过得首先说明一点：在数学归纳原理中，如果把条件(1)中的 $n=1$ 改成 $n=a$（a 是一个确定的正整数），而条件(2)对于任一大于 a 的正整数都适合，那么同样可以证明命题对于所有大于或等于 a 的正整数 n 都是真确的（我们让读者去补出详细的证明）．

现在我们就在做了这样说明的基础上来对恒等式(1)中的 n 施行归纳法．当 $n=r+1$ 时，(1)式的左边是 1，而右边是 $C_{r+1}^{r+1}=1$，所以是真确的．又假定(1)式对 $n=k(k>r)$ 真确，即

$$C_r^r + C_{r+1}^r + \cdots + C_{k-1}^r = C_k^{r+1},$$

那么就有

$$C_r^r + C_{r+1}^r + \cdots + C_{k-1}^r + C_k^r = C_k^{r+1} + C_k^r;$$

再由杨辉恒等式，上式的右边又等于 C_{k+1}^{r+1}，所以推出（1）式对于 $n = k+1$ 的真确性。这样，归纳原理的两个条件都已满足，于是可以断言，（1）式对于所有大于 r 的正整数 n 都是成立的。

依据同一原则，还可以把（1）式的证明写成

$$C_r^r + C_{r+1}^r + C_{r+2}^r + \cdots + C_{n-2}^r + C_{n-1}^r$$

$$= C_{r+1}^{r+1} + (C_{r+2}^{r+1} - C_{r+1}^{r+1}) + (C_{r+3}^{r+1} - C_{r+2}^{r+1}) + \cdots$$

$$+ (C_{n-1}^{r+1} - C_{n-2}^{r+1}) + (C_n^{r+1} - C_{n-1}^{r+1})$$

$$= C_n^{r+1}.$$

为了便于记忆，（1）式也可以改写成为

$$C_r^r + C_{r+1}^r + C_{r+2}^r + \cdots + C_{r+n-1}^r = C_{r+n}^{r+1}; \qquad (2)$$

在 $r = 1$，2，3 的情形，这就分别是等式

$$1 + 2 + 3 + \cdots + n = \frac{1}{2}n(n+1),$$

$$1 + 3 + 6 + \cdots + \frac{1}{2}n(n+1) = \frac{1}{6}n(n+1)(n+2),$$

$$1 + 4 + 10 + \cdots + \frac{1}{6}n(n+1)(n+2)$$

$$= \frac{1}{24}n(n+1)(n+2)(n+3).$$

读者试证：(2)式是一个 r 阶等差级数.

有了这些公式，我们就能够研究一切高阶等差级数的问题. 在未讨论一般情形之前，先举几个例子：

例 1 求等差级数的前 n 项的和.

以 a 为首项和以 d 为公差的等差级数的一般项是 $a+(k-1)d$，根据上面已有的公式，就有

$$a + (a+d) + (a+2d) + \cdots + (a + \overline{n-1} \cdot d)$$

$$= a(\underbrace{1+1+1+\cdots+1}_{n \uparrow}) + d(1+2+\cdots+\overline{n-1})$$

$$= na + \frac{1}{2}n(n-1)d = \frac{1}{2}n(2a + \overline{n-1} \cdot d).$$

这个结果是我们所熟知的.

例 2 求 $1^2 + 2^2 + 3^2 + \cdots + n^2$ 的和.

把 k^2 写成为 $2 \cdot \frac{1}{2}k(k-1) + k$，而一般项为 $\frac{1}{2}k(k-1)$ 和 k 的级数是已有公式可以求和的，所以

$$1^2 + 2^2 + 3^2 + \cdots + n^2$$

$$= 2\left(0 + 1 + 3 + 6 + \cdots + \frac{1}{2}n \cdot \overline{n-1}\right) + (1 + 2 + 3 + \cdots + n)$$

$$= 2 \cdot \frac{1}{6}(n-1)n(n+1) + \frac{1}{2}n(n+1)$$

$$= \frac{1}{6}n(n+1)(2n+1).$$

例 3 求 $1^3 + 2^3 + 3^3 + \cdots + n^3$ 的和①.

把 k^3 写成为 $6 \cdot \dfrac{1}{6} k(k-1)(k-2) + 6 \cdot \dfrac{1}{2} k(k-1) + k.$

以 $\dfrac{1}{6} k(k-1)(k-2),$ $\dfrac{1}{2} k(k-1),$ k 为一般项的级数都包含

在已有的公式里，所以

$$1^3 + 2^3 + 3^3 + \cdots + n^3$$

$$= 6 \cdot \frac{1}{24}(n-2)(n-1)n(n+1)$$

$$\quad + 6 \cdot \frac{1}{6}(n-1)n(n+1) + \frac{1}{2}n(n+1)$$

$$= \frac{1}{4}n(n+1)\big[(n-1)(n-2) + 4(n-1) + 2\big]$$

$$= \frac{1}{4}n(n+1)n(n+1) = \left[\frac{1}{2}n(n+1)\right]^2.$$

由此可见，

$$1^3 + 2^3 + 3^3 + \cdots + n^3 = (1 + 2 + 3 + \cdots + n)^2.$$

由上面的几个例子很容易看出，要求一个级数的和，可以先把它的一般项用公式中诸级数的一般项表出来，再分别

---

① 求这个和的公式，在我国元代的数学家朱世杰所著的《四元玉鉴》一书（1303 年）中便已发现，比西洋最早得出这个公式的德国数学家莱布尼茨（Leibniz）要早 300 多年．

用公式求得．很自然地会发生这样的疑问：对于任何一个以 k 的多项式为一般项的级数，这种表法常是可能的吗？如果可能的话，又怎样求出它的表示式呢？这就是在下面两节中要解决的中心问题．

五　差分多项式

我们先引进一些新的概念．

定义 1　如果 $f(x)$ 是 x 的多项式，那么多项式

$$f(x+1) - f(x)$$

称为 $f(x)$ 的**差分**，用 $\Delta f(x)$ 表示它．$\Delta f(x)$ 的差分叫作 $f(x)$ 的**二级差分**，用 $\Delta^2 f(x)$ 表示它；所以

$$\begin{aligned}
\Delta^2 f(x) &= \Delta[f(x+1) - f(x)] \\
&= f(x+2) - 2f(x+1) + f(x).
\end{aligned}$$

又用 $\Delta^3 f(x)$ 表示 $\Delta^2 f(x)$ 的差分，叫作 $f(x)$ 的**三级差分**；显然有

$$\Delta^3 f(x) = f(x+3) - 3f(x+2) + 3f(x+1) - f(x).$$

一般地，我们定义 $f(x)$ 的 r 级差分 $\Delta^r f(x)$ 是它的 $r-1$ 级差分 $\Delta^{r-1} f(x)$ 的差分．

不难证出：

$$\Delta^r f(x) = f(x+r) - C_r^1 f(x+r-1)$$
$$+ C_r^2 f(x+r-2) - \cdots + (-1)^r f(x). \qquad (1)$$

要证明这个公式可以用数学归纳法。我们已知这个公式当 $r = 1, 2, 3$ 时都真确。假定它对 $r = k-1$ 仍真确，即

$$\Delta^{k-1} f(x) = f(x+k-1) - C_{k-1}^1 f(x+k-2)$$
$$+ C_{k-1}^2 f(x+k-3) - \cdots + (-1)^{k-1} f(x),$$

那么根据定义得出，

$$\Delta^k f(x) = \Delta[\Delta^{k-1} f(x)]$$
$$= [f(x+k) - C_{k-1}^1 f(x+k-1)$$
$$+ C_{k-1}^2 f(x+k-2) - \cdots + (-1)^{k-1} f(x+1)]$$
$$- [f(x+k-1) - C_{k-1}^1 f(x+k-2) + \cdots$$
$$+ (-1)^{k-2} C_{k-1}^{k-2} f(x+1) + (-1)^{k-1} f(x)].$$

合并相同的项，由杨辉恒等式立得

$$\Delta^k f(x) = f(x+k) - C_k^1 f(x+k-1) + C_k^2 f(x+k-2)$$
$$- \cdots + (-1)^{k-1} C_k^{k-1} f(x+1) + (-1)^k f(x).$$

所以(1)式对于任何正整数 r 都是真确的。

如果 $f(x)$ 是一个 m 次多项式，那么 $\Delta f(x)$ 是一个 $(m-1)$ 次多项式；再依次推下去，就知道 $\Delta^m f(x)$ 是一个常数。因此，如果 $r > m$，那么 $\Delta^r f(x) = 0$。从这里还很容易看出如下的事

实：以 k 的 m 次多项式 $f(k)$ 为一般项的级数

$$f(0) + f(1) + f(2) + \cdots + f(n-1) + f(n)$$

是一个 m 阶等差级数[只须注意 $f(k)$ 的差分是级数的第 $k+2$ 项和第 $k+1$ 项的差].

读者试算出：

$$\Delta^{m-1} x^m = m!\left[x + \frac{1}{2}(m-1)\right], \quad \Delta^m x^m = m!.$$

定义 2 多项式

$$P_k(x) = \frac{1}{k!}x(x-1)\cdots(x-k+1), \quad k \geq 1; \quad P_0(x) = 1,$$

称为 k 次差分多项式.

当 x 是一个大于或等于 k 的正整数 n 时，

$$P_k(n) = C_n^k,$$

这是一个整数；当 x 是一负整数 $-m$ 时，

$$P_k(-m) = (-1)^k \frac{(m+k-1)(m+k-2)\cdots(m+1)m}{k!}$$

$$= (-1)^k C_{m+k-1}^k$$

也是一个整数；当 $x = 0, 1, \cdots, k-1$ 时，

$$P_k(x) = 0.$$

显然有：

$$P_k(x+1) - P_k(x)$$

$$= \frac{1}{k!} \left[(x+1)x \cdots (x-k+2) - x(x-1) \cdots (x-k+1) \right]$$

$$= \frac{1}{k!} x(x-1) \cdots (x-k+2) \left[x+1 - (x-k+1) \right]$$

$$= \frac{1}{(k-1)!} x(x-1) \cdots (x-k+2) \text{,}$$

即

$$\boxed{\Delta P_k(x) = P_{k-1}(x)} \qquad (2)$$

这是杨辉恒等式的推广，也是差分多项式的基本性质．

差分多项式的另一性质是：当 x 取任一整数值时，$P_k(x)$ 也是整数．因此显然有：如果 a_k，a_{k-1}，$\cdots$，a_0 都是整数，那么当 x 取整数值时，多项式

$$f(x) = a_k P_k(x) + a_{k-1} P_{k-1}(x) + \cdots + a_1 P_1(x) + a_0 \qquad (3)$$

也取整数值．具有这种性质的多项式称为整值多项式（例如任何以整数为系数的多项式都是整值多项式）．我们现在进一步去证明，任一个 k 次整值多项式一定可以表成为(3)的形式．

先证明：任一个 k 次多项式可以表成为

$$f(x) = \alpha_k P_k(x) + \alpha_{k-1} P_{k-1}(x) + \cdots + \alpha_1 P_1(x) + \alpha_0 \text{,} \qquad (4)$$

这里的 α_k，α_{k-1}，$\cdots$，α_0 不一定是整数．

要证明这一点并不困难，因为我们可以这样定出 α_k，使 $f(x) - \alpha_k P_k(x)$ 成为低于 k 次的多项式；这样陆续减去，即得

所求. 说得更严格一点, 可以用数学归纳法: 当 $f(x)$ 是一个一次多项式时, 由于 $f(x) = \alpha x + \beta = \alpha P_1(x) + \beta$, 这个结论显然是对的. 再假定任一个 $(k-1)$ 次的多项式都可以表成为 (4) 的形式, 那么, 设 $f(x)$ 的 x^k 的系数是 α, 显然 $f(x) - k!\, \alpha P_k(x)$ 是一个 $(k-1)$ 次的多项式. 于是

$$f(x) - k!\, \alpha P_k(x) = \alpha_{k-1} P_{k-1}(x) + \cdots + \alpha_1 P_1(x) + \alpha_0,$$

移项并令 $k!\, \alpha = \alpha_k$, 即得 (4) 式.

若 (4) 是整值多项式, 以 $x = 0$ 代入, 即得 $f(0) = \alpha_0$ 是整数; 再以 $x = 1$ 代入, 得 $f(1) = \alpha_1 + \alpha_0$ 是整数, 所以 α_1 是整数. 而

$$f(x) - \alpha_0 - \alpha_1 P_1(x)$$
$$= \alpha_k P_k(x) + \alpha_{k-1} P_{k-1}(x) + \cdots + \alpha_2 P_2(x)$$

也是整值多项式. 又以 $x = 2$ 代入, 可知 α_2 是整数. 再研究整值多项式

$$f(x) - \alpha_0 - \alpha_1 P_1(x) - \alpha_2 P_2(x)$$
$$= \alpha_k P_k(x) + \alpha_{k-1} P_{k-1}(x) + \cdots + \alpha_3 P_3(x),$$

以 $x = 3$ 代入, 可知 α_3 也是整数. 依照这个法则继续进行, 可得所有的系数 $\alpha_0, \alpha_1, \cdots, \alpha_k$ 都是整数.

有了表示式 (4), 要求以 k 次多项式 $f(x)$ 为一般项的高阶等差级数的和就很容易了. 事实上, 如果

$$f(x) = \alpha_k P_k(x) + \alpha_{k-1} P_{k-1}(x) + \cdots + \alpha_1 P_1(x) + \alpha_0,$$

根据上一节中已经证明了的一系列"标准"高阶等差级数的公式 [注意当 $m \geqslant r$ 时，$P_r(m) = C_m^r$；当 $m < r$ 时，$P_r(m) = 0$]，就有

$$f(0) + f(1) + f(2) + \cdots + f(n)$$

$$= \alpha_k P_{k+1}(n+1) + \alpha_{k-1} P_k(n+1) + \cdots$$

$$+ \alpha_1 P_2(n+1) + \alpha_0(n+1).$$

最后还剩下一个问题，就是：任何一个高阶等差级数的一般项是不是常常能够表成为一个多项式？运用本节所介绍的知识，这一点是不难证明的，我们把它留给读者作为一个习题。

六　逐差法

我们已经证明了任一多项式 $f(x)$ 可以表成为

$$f(x) = \alpha_k P_k(x) + \alpha_{k-1} P_{k-1}(x) + \cdots + \alpha_1 P_1(x) + \alpha_0. \quad (1)$$

但是如果按照证明中所用的方法去实际计算 α_0，α_1，$\cdots$，α_k，那还是一件相当麻烦的事。现在我们给出一个比较简便的办法，直接求出这些系数。

显然 $f(0) = \alpha_0$。做 (1) 的差分，由推广的杨辉恒等式得到：

$$\Delta f(x) = \alpha_k P_{k-1}(x) + \alpha_{k-1} P_{k-1}(x) + \cdots + \alpha_2 P_1(x) + \alpha_1.$$

命 $x = 0$，那么有：

$$[\Delta f(x)]_{x=0} = \alpha_1.$$

也就是 $\qquad f(1) - f(0) = \alpha_1.$

同样因为

$$\Delta^2 f(x) = \Delta[\Delta f(x)] = \alpha_k P_{k-2}(x) + \cdots + \alpha_3 P_1(x) + \alpha_2,$$

所以 $\qquad [\Delta^2 f(x)]_{x=0} = f(2) - 2f(1) + f(0) = \alpha_2.$

这样一直做下去，不难得到：

$$[\Delta^r f(x)]_{x=0} = f(r) - C_r^1 f(r-1) + C_r^2 f(r-2)$$
$$- \cdots + (-1)^r f(0) = \alpha_r, \quad (r = 1, 2, \cdots, k).$$

因此，关于如何具体算出 α_0，α_1，$\cdots$，α_k，有以下的方法：先把 $f(0)$，$f(1)$，$f(2)$，$\cdots$，$f(k)$ 的数值写下，再求后项减前项的差值，于是得出 $f(1) - f(0)$，$f(2) - f(1)$，$\cdots$，$f(k) - f(k-1)$；又求这些差值的后项减前项的差值，等等。从而得出如下的逐差表：

$$f(0), f(1), f(2), f(3), \cdots, f(k-1), f(k)$$
$$f(1) - f(0), f(2) - f(1), f(3) - f(2), \cdots, f(k) - f(k-1)$$
$$f(2) - 2f(1) + f(0), \cdots, f(k) - 2f(k-1) + f(k-2)$$
$$\cdots\cdots\cdots\cdots\cdots\cdots\cdots\cdots\cdots\cdots\cdots\cdots\cdots\cdots\cdots\cdots$$
$$f(k) - C_k^1 f(k-1) + C_k^2 f(k-2) - \cdots + (-1)^k f(0)$$

于是 α_0 是上表中第一行最左边的数字，α_1 是第二行最左边的数字，等等.

例如若 $f(x) = x^3$，那么上面的表变成:

$$0, \qquad 1, \qquad 8, \qquad 27$$
$$1, \qquad 7, \qquad 19,$$
$$6, \qquad 12$$
$$6$$

所以得出:

$$n^3 = 0 \cdot 1 + 1 \cdot n + 6 \cdot \frac{n(n-1)}{2} + 6 \cdot \frac{n(n-1)(n-2)}{6},$$

这正是第四节中例 3 的情形.

从本节的结果还可以看出，如果一个 k 次多项式对于连续 $k+1$ 个整数都取整数值，那么它就是一个整值多项式.

七　堆垛术

高阶等差级数的一个重要应用是所谓堆垛问题，在西洋又叫它作"积弹". 现在举几个我国古代数学家所做的问题作为例子.

例 1（宋，沈括，1030～1094）　酒店里把酒坛层层堆积，底层排成一长方形；以后每上一层，长和宽两边的坛子各少一个，这样堆成一个长方台形(图2)．求酒坛的总数．

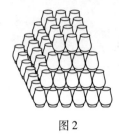

图2

设底层的长和宽两边分别摆 a 和 b 个坛子，又设一共堆了 n 层．那么，酒坛的总数

$$S = ab + (a-1)(b-1)$$
$$+ (a-2)(b-2) + \cdots$$
$$+ (a-n+1)(b-n+1).$$

因为

$$(a - k + 1)(b - k + 1) = k^2 - (a + b + 2)k + (a + 1)(b + 1)$$
$$= 2\left[\frac{1}{2}k(k - 1)\right] - (a + b + 1)k$$
$$+ (a + 1)(b + 1).$$

由第四节的高阶等差级数的基本公式，立刻得出：

$$S = \frac{1}{3}(n + 1)n(n - 1)$$
$$- \frac{1}{2}(a + b + 1)(n + 1)n + (a + 1)(b + 1)n$$
$$= \frac{1}{6}n[2n^2 - 3(a + b + 1)n + 6ab + 3a + 6b + 1].$$

特别是如果 $a = b = n$，那么所堆成的"垛"叫作"正方垛"．这时的总数就是

$$1 + 2^2 + 3^2 + \cdots + n^2 = \frac{1}{6}n(n + 1)(2n + 1).$$

例2(宋，杨辉，1261) 将圆弹堆成三角垛：底层是每边 n 个的三角形，向上逐层每边少一个，顶层是一个．求总数．

根据第四节的公式，很容易算出总数

$$S = 1 + (1 + 2) + (1 + 2 + 3) + \cdots + (1 + 2 + \cdots + n)$$

$$= 1 + 3 + 6 + \cdots + \frac{1}{2}n(n + 1)$$

$$= \frac{1}{6}n(n + 1)(n + 2).$$

例3(元，朱世杰，1303) 撒星形：由底层每边从1个到 n 个的 n 只三角垛集合而成(图3)．求总数．

根据上例的结果，得出总数

$$S = 1 + (1 + 3) + (1 + 3 + 6) + \cdots$$

$$+ \left[1 + 3 + 6 + \cdots + \frac{1}{2}n(n + 1) \right]$$

$$= 1 + 4 + 10 + \cdots \frac{1}{6}n(n + 1)(n + 2)$$

$$= \frac{1}{24}n(n + 1)(n + 2)(n + 3).$$

图3

例4 食品罐头若干个，堆成六角垛：顶层是一个，以下各层都是正六边形，每边递增一个(图4)．设底层每边是 n 个．求总数．

先算出底层罐头的个数 S'，这种方法我国古代叫"束物术"．事实上，底层的罐头除中心的一个外，其余的构成一个公差是 6 的等差级数，它的首项是 6（即围绕中心的 6 个），末项是 $6(n-1)$（即最外一层罐头的数目）．所以

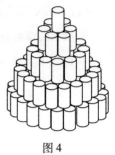

图4

$$S' = 1 + 6 + 12 + \cdots + 6(n-1)$$
$$= 1 + 6[1 + 2 + \cdots + (n-1)]$$
$$= 1 + 6 \cdot \frac{n(n-1)}{2}$$
$$= 1 + 3n(n-1).$$

于是得出罐头的总数

$$S = 1 + (1 + 3 \cdot 2 \cdot 1) + (1 + 3 \cdot 3 \cdot 2)$$
$$+ (1 + 3 \cdot 4 \cdot 3) + \cdots + [1 + 3n(n-1)]$$
$$= (1 + 1 + 1 + \cdots + 1) + 3[2 \cdot 1 + 3 \cdot 2$$
$$+ 4 \cdot 3 + \cdots + n(n-1)]$$
$$= n + 6\left[1 + 3 + 6 + \cdots + \frac{n(n-1)}{2}\right]$$

$$= n + (n-1)n(n+1) = n(1 + n^2 - 1) = n^3.$$

读者试求出：当顶层不是一个而是每边是 k 个的正六边形时，罐头的总数是多少．

八 混合级数

我们已经对高阶等差级数做了研究．在中学的代数课程里面，我们还学到过另一类很重要的级数——等比级数．所谓等比级数，就是级数中的每一项和它的前一项的比值等于一个常数，我们把这个常数叫作这个级数的公比．如果已经知道了一个等比级数的首项和公比，就能求出它的任一项以及它的和．例如

$$S_0 = 1 + x + x^2 + \cdots + x^{n-1}$$

是一个公比是 x 的等比级数．要求它的和 S_0，可以将上面级数中的每一项乘以 x，得到

$$xS_0 = x + x^2 + x^3 + \cdots + x^n;$$

从 S_0 减去 xS_0，有

$$(1-x)S_0 = 1 - x^n.$$

如果 $x \neq 1$，从上式就得到

$$S_0 = \frac{1 - x^n}{1 - x}.$$

把高阶等差级数和等比级数结合起来加以考虑，很自然地会引导出这样的问题：如果 $f(y)$ 是一个 k 次多项式，我们能不能求出级数

$$f(0) + f(1)x + f(2)x^2 + \cdots + f(n-1)x^{n-1}$$

的和呢？

回答是肯定的．

和前面的第四节一样，我们可以先来考虑以下一些特殊级数的和：

$$S_1 = 1 + 2x + 3x^2 + \cdots + nx^{n-1},$$

$$S_2 = 1 + 3x + 6x^2 + \cdots + \frac{1}{2}n(n+1)_x^{n-1}$$

$$S_3 = 1 + 4x + 10x^2 + \cdots + \frac{1}{6}n(n+1)(n+2)_x^{n-1}.$$
....

一般的是，

$$S_r = C_r^r + C_{r+1}^r x + C_{r+2}^r x^2 + \cdots + C_{r+n-1}^r x^{n-1}.$$

如果 $x = 1$，那么它们就正是我们在第四节中讨论过的高阶等差级数，因而在以下的讨论中，我们总假定 $x \neq 1$．

求和数 S_1，S_2，S_3，$\cdots$ 的方法和上面求 S_0 的方法是类似的．

因为

$$xS_1 = x + 2x^2 + 3x^3 + \cdots + nx^n.$$

所以 $(1-x)S_1 = 1 + x + x^2 + \cdots + x^{n-1} - nx^n = S_0 - nx^n.$

于是根据 S_0 的结果，得到

$$S_1 = \frac{1-x^n}{(1-x)^2} - \frac{nx^n}{1-x}.$$

用同样的办法又很容易算出：

$$(1-x)S_2 = S_1 - \frac{1}{2}n(n+1)x^n,$$

从而得到

$$S_2 = \frac{1-x^n}{(1-x)^3} - n\frac{x^n}{(1-x)^2} - \frac{1}{2}n(n+1)\frac{x^n}{1-x}.$$

这样依次算下去，只要知道求和数 S_{r-1} 的公式，就可以把和数 S_r 算出来. 于是对于上面的一些特殊的混合级数，我们的问题算是解决了.

再根据第五节的结果，任一个 k 次多项式 $f(y)$ 总可以表成为：

$$f(y) = a_k P_k(y) + a_{k-1}P_{k-1}(y) + \cdots + a_1 P_1(y) + a_0,$$

这里 $P_r(y)$ 是 y 的 r 次差分多项式. 因此由差分多项式的性质，一般的混合级数也可以求和.

九　无穷级数的概念

以上我们所讨论到的都只是有限项的级数，但是在有些时候，特别是在高等数学中，更重要的却是当级数的项数 n 增加到无穷时的情形．

试以等比级数为例．我们已经知道

$$1 + x + x^2 + \cdots + x^{n-1} = \frac{1-x^n}{1-x}(x \neq 1);$$

如果 $-1 < x < 1$，那么当 n 变得很大的时候，x^n 变得很小而非常接近于 0，从而级数的和非常接近于 $\frac{1}{1-x}$．这时我们就说：无穷级数

$$1 + x + x^2 + \cdots + x^{n-1} + \cdots$$

是收敛的，而且它的和就是 $\frac{1}{1-x}$．

一般地说，一个无穷级数的项是依某一规则排列的；如果它的前面任意有限项的和随着项数的无限增大而非常接近于一个确定的数目，那么这个无穷级数就叫作是收敛的，而这个确定的数目就是它的和．

从上面的例子还可以看出：如果一个无穷级数的项和变

数 x 有关，那么为了保证这个级数是收敛的，需要把 x 限制在一定的范围之内．事实上，假如例子中的 x 大于 1 或小于 -1，于是当 n 愈来愈大的时候，x^n 也随之愈来愈大．这时级数的和就不再接近于一个确定的数目，而趋向于无穷了．

关于无穷级数的概念，在我国古代的著作中就已经有了．例如在公元前 300 年左右我国著名的哲学家庄周所著的《庄子·天下》第三十三篇里面，就有"一尺之棰，日取其半，万世不竭"的说法．翻译成白话就是：一根一尺长的杖，今天取它的一半，明天取剩下的杖的一半，后天再取剩下的杖的一半，……这样继续下去，总没有取完的时候．我们可以把这件事列成数学式子，那么所取棰的总长是无穷级数

$$\frac{1}{2} + \frac{1}{2^2} + \cdots + \frac{1}{2^n} + \cdots$$

的和．这是一个公比是 $\frac{1}{2}$ 的等比级数，由前面的公式，我们知道它的和等于

$$\frac{1}{2}\left(1 + \frac{1}{2} + \frac{1}{2^2} + \cdots + \frac{1}{2^{n-1}} + \cdots\right) = \frac{1}{2} \cdot \frac{1}{1 - \frac{1}{2}} = \frac{1}{2} \cdot 2 = 1,$$

即是棰的原长．不过事实上我们是取不到无穷次的；因此只可能把取的次数尽量增多，使得剩下的部分非常之小而接近

于 0，但总不能达到 0．这便是"万世不竭"的意思．

在西洋的古代数学中也有类似的例子．最有趣的例子之一就是所谓齐诺（Zeno）的诡辩，或者叫作亚其尔（Archilles）和龟的问题．亚其尔是希腊传说中一个善走的神，可是齐诺却说在某种情况下他甚至永远赶不上一只乌龟．齐诺所持的理由是这样的：假定亚其尔的速度是乌龟的 10 倍，开始的时候他在龟的后面 10 里．当亚其尔走完这 10 里时，在这段时间内，龟已向前走了 1 里．而当亚其尔再走完这 1 里时，龟又向前走了 $\frac{1}{10}$ 里．这样推论下去，亚其尔每赶上龟一段路程，龟又向前走了这段路程的 $\frac{1}{10}$ 那么长的路．于是亚其尔和龟之间总有一段距离，而始终追不上这只乌龟．

可是任何人都知道事实并不是这样的．那么齐诺的错误在什么地方呢？很容易看出来，错误就在于他把亚其尔追赶乌龟的路程任意地分成无穷多段，而且断言说：要走完这无穷多段的路程，就非要有无限长的时间不可．

让我们对亚其尔追赶乌龟所需的时间做同样的分析．不妨设亚其尔的速度是每小时走 10 里．于是按照上面的分段，走完第一段所需的时间是 1 小时，走完第二段是 $\frac{1}{10}$ 小时，走

完第三段是 $\frac{1}{10^2}$ 小时，……. 因此追上乌龟所需的时间就是无穷级数

$$1 + \frac{1}{10} + \frac{1}{10^2} + \cdots + \frac{1}{10^n} + \cdots = \frac{1}{1 - \frac{1}{10}} = 1\frac{1}{9}（小时）.$$

这和我们用算术或代数方法算出的答数是一致的. 所以齐诺的谬误就是显然的了.

十　无穷混合级数

在前节中我们已经得到这样的结果：如果 $-1 < x < 1$，那么

$$1 + x + x^2 + \cdots + x^{n-1} + \cdots = \frac{1}{1-x}.$$

从这个事实出发，我们可以证明以下一系列的无穷混合级数的公式在 $-1 < x < 1$ 时成立：

$$1 + 2x + 3x^2 + \cdots + nx^{n-1} + \cdots = \frac{1}{(1-x)^2},$$

$$1 + 3x + 6x^2 + \cdots + \frac{1}{2}n(n+1)x^{n-1} + \cdots = \frac{1}{(1-x)^3},$$

．．．．．．．．．．．．．．．．．．．．．．．．．．．．．．．．

或者一般地写为

$$C_r^r + C_{r+1}^r x + C_{r+2}^r x^2 + \cdots + C_{r+n-1}^r x^{n-1} + \cdots$$

$$= \frac{1}{(1-x)^{r+1}}, (r = 0,1,2,3,\cdots).$$

要证明这些等式，可以对 r 用归纳法：

当 $r = 0$ 时，这就是等比级数的公式．

当 $r = 1$ 时，因为

$$(1-x)(1 + 2x + 3x^2 + \cdots + nx^{n-1} + \cdots)$$

$$= 1 + 2x + 3x^2 + \cdots + nx^{n-1} + \cdots$$

$$- [x + 2x^2 + \cdots + (n-1)x^{n-1} + \cdots]$$

$$= 1 + x + x^2 + \cdots + x^{n-1} + \cdots = \frac{1}{1-x}.$$

所以有： $1 + 2x + 3x^2 + \cdots + nx^{n-1} + \cdots = \frac{1}{(1-x)^2}.$

现在假定对于正整数 $r = k-1$ 公式成立，即有：

$$C_{k-1}^{k-1} + C_k^{k-1} x + C_{k+1}^{k-1} x^2 + \cdots + C_{k+n-2}^{k-1} x^{n-1} + \cdots \frac{1}{(1-x)^k};$$

那么由杨辉恒等式，

$$(1-x)(C_k^k + C_{k+1}^k x + C_{k+2}^k x^2 + \cdots$$

$$+ C_{k+n-2}^k x^{n-2} + C_{k+n-1}^k x^{n-1} + \cdots)$$

$$= C_k^k + C_{k+1}^k x + C_{k+2}^k x^2 + \cdots + C_{k+n-1}^k x^{n-1} + \cdots$$

$$- (C_k^k x + C_{k+1}^k x^2 + \cdots + C_{k+n-2}^k x^{n-1} + \cdots)$$

$$= C_k^k + (C_{k+1}^k - C_k^k) x + (C_{k+2}^k - C_{k+1}^k) x^2 + \cdots$$

$$+ (C_{k+n-1}^k - C_{k+n-2}^k) x^{n-1} + \cdots$$

$$= C_{k-1}^{k-1} + C_k^{k-1} x + C_{k+1}^{k-1} x^2 + \cdots + C_{k+n-2}^{k-1} x^{n-1} + \cdots = \frac{1}{(1 - x)^k}.$$

于是得到:

$$C_k^k + C_{k+1}^k x + C_{k+2}^k x^2 + \cdots + C_{k+n-1}^k x^{n-1} + \cdots = \frac{1}{(1 - x)^{k+1}}.$$

这便是我们所要证明的.

不过在上面的运算过程中,我们还得郑重声明一点,就是我们必须事先知道这些级数在 $-1 < x < 1$ 的时候都是收敛的. 判定它们的收敛性需要用到高等数学的知识,在这里就只好略去了.

读者自然不难从已经证明的公式和差分多项式的知识来导出求一般无穷混合级数的和的公式(x 仍然要限制在 -1 和 1 之间).

我们只举两个例子.

例 1 设 $-1 < x < 1$,求以下无穷级数的和:

$$S = 1 + 2^2 x + 3^2 x^2 + \cdots + n^2 x^{n-1} + \cdots.$$

因为

$$n^2 = 2 \cdot \frac{1}{2} n (n + 1) - n,$$

所以

$$S = 2\big[1 + 3x + 6x^2 + \cdots + \frac{1}{2}n(n+1)x^{n-1} + \cdots\big]$$

$$- (1 + 2x + 3x^2 + \cdots n x^{n-1} + \cdots)$$

$$= \frac{2}{(1-x)^3} - \frac{1}{(1-x)^2} = \frac{1+x}{(1-x)^3}, \ -1 < x < 1.$$

例 2 设 $-1 < x < 1$，求以下无穷级数的和：

$$S = 1 + 2^3 x + 3^3 x^2 + \cdots + n^3 x^{n-1} + \cdots$$

因为 $n^3 = 6 \cdot \frac{1}{6}n(n+1)(n+2) - 6 \cdot \frac{1}{2}n(n+1) + n,$

所以

$$S = 6\big[1 + 4x + 10x^2 + \cdots + \frac{1}{6}n(n+1)(n+2)x^{n-1} + \cdots\big]$$

$$- 6\big[1 + 3x + 6x^2 + \cdots + \frac{1}{2}n(n+1)x^{n-1} + \cdots\big]$$

$$+ (1 + 2x + 3x^2 + \cdots + n x^{n-1} + \cdots)$$

$$= \frac{6}{(1-x)^4} - \frac{6}{(1-x)^3} + \frac{1}{(1-x)^2}$$

$$= \frac{6 - 6(1-x) + (1-x)^2}{(1-x)^4}$$

$$= \frac{1 + 4x + x^2}{(1-x)^4}, \ -1 < x < 1.$$

十一　循环级数

我们还可以定义一类更加广泛的级数，把前面所讨论过的高阶等差级数和混合级数都包含在内，这就是所谓循环级数．

我们把一个任意的级数写成如下的形式：

$$u_0 + u_1 + u_2 + \cdots + u_n + \cdots. \tag{1}$$

如果存在一个正整数 k 和 k 个数 a_1，a_2，$\cdots$，a_k，使得关系式

$$u_{n+k} = a_1 u_{n+k-1} + a_2 u_{n+k-2} + \cdots + a_k u_n$$

对所有的非负整数 n 都成立，那么级数(1)就叫作 **k 阶循环级数**，而上面的方程式叫作 **k 阶循环方程式**．

换句话说，一个 k 阶循环级数的特征就是：它的任一项（除了最前面的 k 项以外）都可以表成它前面 k 项的一次式，而这个一次式的系数不因项的变动而改变．

对于带有 x 的幂次的级数

$$u_0 + u_1 x + u_2 x^2 + \cdots + u_n x^n + \cdots, \tag{2}$$

我们要将上面的定义略加修改．这时候，级数(2)成为 k 阶循环级数的条件是：存在一个正整数 k 和 k 个数 a_1，a_2，$\cdots$，a_k，使得关系式

$$u_{n+k}\,x^{n+k} = a_1 x(u_{n+k-1}\,x^{n+k-1})$$
$$+ a_2 x^2 (u_{n+k-2}\,x^{n+k-2}) + \cdots + a_k x^k (u_n x^n)$$

对所有的非负整数 n 成立；同时称多项式

$$1 - a_1 x - a_2 x^2 - \cdots - a_k x^k$$

为级数(2)的**特征多项式**.

为了更清楚地说明这个定义的意义，我们举几个例子.

例 1 以 d 为公差的等差级数

$$a + (a+d) + (a+2d) + \cdots + (a+nd) + \cdots.$$

这时 $\quad u_0 = a, \; u_1 = a+d, \; u_2 = a+2d, \cdots,$

$$u_n = a + nd, \cdots.$$

由 $$u_{n+2} = u_{n+1} + d$$

和 $$u_{n+1} = u_n + d,$$

得出 $$u_{n+2} = 2u_{n+1} - u_n.$$

所以等差级数是二阶循环级数.

例 2 以 x 为公比的等比级数

$$a + ax + ax^2 + \cdots + ax^n + \cdots.$$

这时按照第二种定义的形式，

$$u_0 = u_1 = u_2 = \cdots = u_n = \cdots = a.$$

因为 $$u_{n+1}x^{n+1} = x(u_n x^n),$$

所以它是一阶循环级数，而它的特征多项式是 $1-x$.

例 3 一般的高阶等差级数

$$f(0) + f(1) + f(2) + \cdots + f(n) + \cdots,$$

这里 $f(n)$ 是一个 n 的 k 次多项式.

这时 $\quad u_0 = f(0)$，$u_1 = f(1)$，$u_2 = f(2)$，

$$\cdots,\ u_n = f(n),\ \cdots$$

因为任一个 k 次多项式的 $k+1$ 级差分等于 0，根据第五节所证明的公式，有

$$\Delta^{k+1} f(n) = f(n+k+1)$$
$$- C_{k+1}^1 f(n+k) + C_{k+1}^2 f(n+k-1) - \cdots$$
$$+ (-1)^{k+1} f(n)$$
$$= 0;$$

移项便得到循环方程式

$$u_{n+k+1} = C_{k+1}^1 u_{n+k} - C_{k+1}^2 u_{n+k-1} + \cdots - (-1)^{k+1} u_n.$$

所以我们证明了任一个 k 阶等差级数是 $k+1$ 阶的循环级数.

例 4 一般的混合级数

$$f(0) + f(1)x + f(2)x^2 + \cdots + f(n)x^n + \cdots.$$

由例 3 很容易看出它也是一个 $k+1$ 阶的循环级数[k 是多项式 $f(n)$ 的次数]，而它的特征多项式是

$$1 - C_{k+1}^1 x + C_{k+1}^2 x^2 - \cdots + (-1)^{k+1} x^{k+1} = (1-x)^{k+1}.$$

例 3 和例 4 是分别包括例 1 和例 2 的.

现在的问题是：怎样去求一个循环级数的和呢？

我们先来考虑循环级数

$$u_0 + u_1 x + u_2 x^2 + \cdots + u_n x^n + \cdots$$

设 $$1 - a_1 x - a_2 x^2 - \cdots - a_k x^k$$

是它的特征多项式，且令

$$S_n = u_0 + u_1 x + u_2 x^2 + \cdots + u_n x^n, \quad n \geq k.$$

那么 $(1 - a_1 x - a_2 x^2 - \cdots - a_k x^k) S_n$

$$= [u_0 + (u_1 - a_1 u_0) x + (u_2 - a_1 u_1 - a_2 u_0) x^2 + \cdots$$

$$+ (u_{k-1} - a_1 u_{k-2} - a_2 u_{k-3} - \cdots - a_{k-1} u_0) x^{k-1}]$$

$$+ [(u_k - a_1 u_{k-1} - a_2 u_{k-2} - \cdots - a_k u_0) x^k$$

$$+ \cdots + (u_n - a_1 u_{n-1} - a_2 u_{n-2} - \cdots - a_k u_{n-k}) x^n]$$

$$- [(a_1 u_n + a_2 u_{n-1} + \cdots + a_k u_{n-k+1}) x^{n+1} + \cdots$$

$$+ a_k u_n x^{n+k}].$$

但由于循环的条件，这儿第二个方括弧里面的项都等于 0，所以得出 S_n 等于

$$\frac{u_0 + (u_1 - a_1 u_0) x + \cdots + (u_{k-1} - a_1 u_{k-2} - \cdots - a_{k-1} u_0) x^{k-1}}{1 - a_1 x - a_2 x^2 - \cdots - a_k x^k}$$

$$- \frac{(a_1 u_n + a_2 u_{n-1} + \cdots + a_k u_{n-k+1}) x^{n+1} + \cdots + a_k u_n x^{n+k}}{1 - a_1 x - a_2 x^2 - \cdots - a_k x^k}.$$

如果上面的级数对于一定范围内的 x 是收敛的，那么它

的第 n 项将随着 n 的增大而接近于 0. 于是无穷级数的和:

$$S_\infty = \frac{u_0 + (u_1 - a_1 u_0)x + \cdots + (u_{k-1} - a_1 u_{k-2} - \cdots - a_{k-1} u_0)x^{k-1}}{1 - a_1 x - a_2 x^2 - \cdots - a_k x^k}.$$

如果 1 不是特征多项式 $1 - a_1 x - a_2 x^2 - \cdots - a_k x^k$ 的根，那么在求得的 S_n 和 S_∞ 中置 $x = 1$（如果收敛的话），就得到和数

$$u_0 + u_1 + u_2 + \cdots + u_n$$

和

$$u_0 + u_1 + u_2 + \cdots + u_n + \cdots.$$

我们让读者证明逆的命题：如果

$$P(x) = 1 - a_1 x - a_2 x^2 - \cdots - a_k x^k,$$

而 $Q(x)$ 是任何一个次数小于 k 的多项式，那么 $\dfrac{Q(x)}{P(x)}$ 按 x 的升幂排列所得的商是一个以 $P(x)$ 为特征多项式的循环级数．

十二　循环级数的一个例子
——斐波那契级数

上节中已经举了循环级数的四个例子，现在我们再举一个有趣的例子，就是所谓关于兔子数目的斐波那契问题①．

———————————

① 斐波那契(Fibonacci)，即比萨的莱翁那度，中世纪意大利的数学家．

假定每对大兔每月能生产一对小兔，而每对小兔过一个月就能完全长成．问在一年里面，由一对大兔能繁殖出多少对大兔来？

这个问题有趣的并不是正面的答案，那是不难直接算出的．我们感兴趣的是大兔的总对数所成的级数．假定最初的对数记作 u_0，过了一个月是 u_1，过了两个月是 u_2，而一般的过了 n 个月是 u_n．由题设，$u_0 = 1$．过了一个月之后，有一对小兔生产出来了，但是大兔的对数仍然一样，即 $u_1 = 1$．过了两个月，这对小兔长大了，而且大兔又有一对小兔生产出来，所以 $u_2 = 2$．这样继续算下去，还可以得出 $u_3 = 3$，$u_4 = 5$，…．一般地说，假设我们已经求出 n 个月以后大兔的对数（u_n）和 $n+1$ 个月后大兔的对数（u_{n+1}），那么因为在第 $n+1$ 个月的时候，原来的 u_n 对大兔又生产了 u_n 对小兔，所以在第 $n+2$ 个月之后，大兔的总对数应该是

$$u_{n+2} = u_{n+1} + u_n.$$

由此可见，大兔的对数 u_0，u_1，u_2，…，u_n，…恰好组成一个二阶循环级数，我们叫它作斐波那契级数．

知道了循环方程式和 u_0，u_1 的数值，可以逐步地把所有的 u_2，u_3，…，u_n，…算出来．自然会提出问题：是不是可以有办法直接地把一般的 u_n 表出来呢？

考虑循环级数

$$u_0 + u_1 x + u_2 x^2 + \cdots u_n x^n + \cdots.$$

很容易看出它的特征多项式是 $1 - x - x^2$. 于是由上节的公式

$$S_\infty = \frac{u_0 + (u_1 - u_0)x}{1 - x - x^2} = \frac{1}{1 - x - x^2}$$

$$= \frac{1}{\left(\dfrac{\sqrt{5} - 1}{2} - x \right)\left(\dfrac{\sqrt{5} + 1}{2} + x \right)}$$

$$= \frac{\dfrac{1}{\sqrt{5}}}{\dfrac{\sqrt{5} - 1}{2} - x} + \frac{\dfrac{1}{\sqrt{5}}}{\dfrac{\sqrt{5} + 1}{2} + x}$$

$$= \frac{2}{5 - \sqrt{5}} \cdot \frac{1}{1 - \dfrac{2x}{\sqrt{5} - 1}} + \frac{2}{5 + \sqrt{5}} \cdot \frac{1}{1 + \dfrac{2x}{\sqrt{5} + 1}}.$$

再根据混合级数的公式展开上式的右边，得到

$$u_0 + u_1 x + u_2 x^2 + \cdots + u_n x^n + \cdots$$

$$= \frac{2}{5 - \sqrt{5}} \left[1 + \frac{2x}{\sqrt{5} - 1} + \frac{2^2 x^2}{(\sqrt{5} - 1)^2} + \cdots + \frac{2^n x^n}{(\sqrt{5} - 1)^n} + \cdots \right]$$

$$+ \frac{2}{5 + \sqrt{5}} \left[1 - \frac{2x}{\sqrt{5} + 1} + \frac{2^2 x^2}{(\sqrt{5} + 1)^2} - \cdots \right.$$

$$\left. + (-1)^n \frac{2^n x^n}{(\sqrt{5} + 1)^n} + \cdots \right].$$

在等式两边对比 x^n 的系数，我们有以下的公式：

$$u_n = \frac{2}{5-\sqrt{5}} \cdot \frac{2^n}{(\sqrt{5}-1)^n}$$

$$+ (-1)^n \frac{2}{5+\sqrt{5}} \cdot \frac{2^n}{(\sqrt{5}+1)^n}$$

$$= \frac{2^{n+1}}{\sqrt{5}} \Big[\frac{1}{(\sqrt{5}-1)^{n+1}} + (-1)^n \frac{1}{(\sqrt{5}+1)^{n+1}} \Big]$$

$$= \frac{1}{\sqrt{5}} \Big[\Big(\frac{1+\sqrt{5}}{2}\Big)^{n+1} - \Big(\frac{1-\sqrt{5}}{2}\Big)^{n+1} \Big].$$

这个等式是很耐人寻味的：虽然所有的 u_n 都是正整数，可是它们却由一些无理数表示出来．在实际计算的时候，如果我们注意以下的事实，可以方便得多：由于 $\frac{\sqrt{5}-1}{2}$ 是一个小于 1 的数，而 u_n 是整数，因此如果 n 是奇数，那么 u_n 等于 $\frac{1}{\sqrt{5}}\Big(\frac{1+\sqrt{5}}{2}\Big)^{n+1}$ 的整数部分；如果 n 是偶数，那么 u_n 等于 $\frac{1}{\sqrt{5}}\Big(\frac{1+\sqrt{5}}{2}\Big)^{n+1}$ 的整数部分加 1．换句话说，我们并不需要算出 $\frac{1}{\sqrt{5}}\Big(\frac{1-\sqrt{5}}{2}\Big)^{n+1}$ 的数值．

另一方面，在等式

$$S_n = \frac{u_0 + (u_1 - u_0)x}{1 - x - x^2} - \frac{(u_n + u_{n-1})x^{n+1} + u_n x^{n+2}}{1 - x - x^2}$$

中用 $x = 1$ 代入，得到

$$u_0 + u_1 + u_2 + \cdots u_n = 2u_n + u_{n-1} - 1.$$

或 $\qquad u_0 + u_1 + u_2 + \cdots u_{n-2} = u_n - 1.$

这也是斐波那契级数的基本性质之一.

十三　倒数级数

　　关于高阶等差级数和混合级数的讨论，引导我们去考虑它们的倒数级数. 但是在初等数学的范围以内，我们却无法求得一切这样的倒数级数的和.

　　首先来讨论高阶等差级数的倒数级数，而且也从一些特殊的形式开始.

　　级数 $\qquad 1 + \dfrac{1}{2} + \dfrac{1}{3} + \cdots + \dfrac{1}{n}$

　　就是我们所熟知的调和级数. 它是不能求和的，因为当项数 n 无限增大的时候，它的和要趋向于无穷大.

　　然而对于以下的一些倒数级数，我们仍可以有办法求它们的和：

$$\frac{1}{1 \cdot 2} + \frac{1}{2 \cdot 3} + \frac{1}{3 \cdot 4} + \cdots + \frac{1}{(n-1)n} + \frac{1}{n(n+1)}$$

$$= \left(1 - \frac{1}{2}\right) + \left(\frac{1}{2} - \frac{1}{3}\right) + \left(\frac{1}{3} - \frac{1}{4}\right) + \cdots$$

$$+ \left(\frac{1}{n-1} - \frac{1}{n}\right) + \left(\frac{1}{n} - \frac{1}{n+1}\right)$$

$$= 1 - \left(\frac{1}{2} - \frac{1}{2}\right) - \left(\frac{1}{3} - \frac{1}{3}\right) - \cdots - \left(\frac{1}{n} - \frac{1}{n}\right) - \frac{1}{n+1}$$

$$= 1 - \frac{1}{n+1}.$$

$$\frac{1}{1 \cdot 2 \cdot 3} + \frac{1}{2 \cdot 3 \cdot 4} + \frac{1}{3 \cdot 4 \cdot 5} + \cdots$$

$$+ \frac{1}{(n-1)n(n+1)} + \frac{1}{n(n+1)(n+2)}$$

$$= \frac{1}{2}\left(\frac{1}{1 \cdot 2} - \frac{1}{2 \cdot 3}\right) + \frac{1}{2}\left(\frac{1}{2 \cdot 3} - \frac{1}{3 \cdot 4}\right) + \cdots$$

$$+ \frac{1}{2}\left[\frac{1}{(n-1)n} - \frac{1}{n(n+1)}\right]$$

$$+ \frac{1}{2}\left[\frac{1}{n(n+1)} - \frac{1}{(n+1)(n+2)}\right]$$

$$= \frac{1}{2 \cdot 2!} - \frac{1}{2}\left(\frac{1}{2 \cdot 3} - \frac{1}{2 \cdot 3}\right) - \frac{1}{2}\left(\frac{1}{3 \cdot 4} - \frac{1}{3 \cdot 4}\right) - \cdots$$

$$- \frac{1}{2}\left[\frac{1}{n(n+1)} - \frac{1}{n(n+1)}\right] - \frac{1}{2(n+1)(n+2)}$$

$$= \frac{1}{2 \cdot 2!} - \frac{1}{2(n+1)(n+2)}.$$

$$\frac{1}{1 \cdot 2 \cdot 3 \cdot 4} + \frac{1}{2 \cdot 3 \cdot 4 \cdot 5} + \frac{1}{3 \cdot 4 \cdot 5 \cdot 6} + \cdots$$

$$+ \frac{1}{(n-1)n(n+1)(n+2)} + \frac{1}{n(n+1)(n+2)(n+3)}$$

$$= \frac{1}{3}\left(\frac{1}{1 \cdot 2 \cdot 3} - \frac{1}{2 \cdot 3 \cdot 4}\right) + \frac{1}{3}\left(\frac{1}{2 \cdot 3 \cdot 4} - \frac{1}{3 \cdot 4 \cdot 5}\right) + \cdots$$

$$+ \frac{1}{3}\left[\frac{1}{(n-1)n(n+1)} - \frac{1}{n(n+1)(n+2)}\right]$$

$$+ \frac{1}{3}\left[\frac{1}{n(n+1)(n+2)} - \frac{1}{(n+1)(n+2)(n+3)}\right]$$

$$= \frac{1}{3 \cdot 3!} - \frac{1}{3}\left(\frac{1}{2 \cdot 3 \cdot 4} - \frac{1}{2 \cdot 3 \cdot 4}\right)$$

$$- \frac{1}{3}\left(\frac{1}{3 \cdot 4 \cdot 5} - \frac{1}{3 \cdot 4 \cdot 5}\right) - \cdots$$

$$- \frac{1}{3}\left[\frac{1}{n(n+1)(n+2)} - \frac{1}{n(n+1)(n+2)}\right]$$

$$- \frac{1}{3(n+1)(n+2)(n+3)}$$

$$= \frac{1}{3 \cdot 3!} - \frac{1}{3(n+1)(n+2)(n+3)}.$$

⋯⋯⋯⋯⋯⋯⋯⋯⋯⋯⋯⋯⋯⋯⋯⋯⋯⋯⋯⋯⋯⋯

一般地说，因为

$$\frac{1}{k(k+1)\cdots(k+r-1)}$$

$$= \frac{1}{r-1}\left[\frac{1}{k(k+1)\cdots(k+r-2)} - \frac{1}{(k+1)(k+2)\cdots(k+r-1)}\right],$$

仿照上面的办法，可以求出

$$\frac{1}{1\cdot2\cdots r} + \frac{1}{2\cdot3\cdots(r+1)} + \frac{1}{3\cdot4\cdots(r+2)} + \cdots$$

$$+ \frac{1}{n(n+1)\cdots(n+r-1)}$$

$$= \frac{1}{(r-1)(r-1)!} - \frac{1}{(r-1)(n+1)\cdots(n+r-1)}.$$

以上所求得的都是包含 n 项的级数的和；每一个和数都是一个常数和一个同 n 有关的数的差。可以看到，当项数 n 愈来愈大的时候，这个同 n 有关的数就变得非常小而接近于 0（因为它的分母趋向于无穷大）。于是我们得到了如下的一些无穷级数的和的公式：

$$\frac{1}{1\cdot2} + \frac{1}{2\cdot3} + \frac{1}{3\cdot4} + \cdots + \frac{1}{n(n+1)} + \cdots = 1,$$

$$\frac{1}{1\cdot2\cdot3} + \frac{1}{2\cdot3\cdot4} + \frac{1}{3\cdot4\cdot5} + \cdots + \frac{1}{n(n+1)(n+2)} + \cdots$$

$$= \frac{1}{2\cdot2!} = \frac{1}{4},$$

$$\frac{1}{1 \cdot 2 \cdot 3 \cdot 4} + \frac{1}{2 \cdot 3 \cdot 4 \cdot 5} + \frac{1}{3 \cdot 4 \cdot 5 \cdot 6} + \cdots$$

$$+ \frac{1}{n(n+1)(n+2)(n+3)} + \cdots$$

$$= \frac{1}{3 \cdot 3!} = \frac{1}{18},$$

....

一般的是

$$\frac{1}{1 \cdot 2 \cdot 3 \cdots r} + \frac{1}{2 \cdot 3 \cdots (r+1)} + \cdots + \frac{1}{n(n+1)\cdots(n+r-1)} + \cdots$$

$$= \frac{1}{(r-1) \cdot (r-1)!}.$$

这里和前几节的讨论不同的地方，就是我们并不能从这些已有的公式来求出一般的倒数级数

$$\frac{1}{f(1)} + \frac{1}{f(2)} + \frac{1}{f(3)} + \cdots + \frac{1}{f(n)}$$

或无穷级数

$$\frac{1}{f(1)} + \frac{1}{f(2)} + \frac{1}{f(3)} + \cdots + \frac{1}{f(n)} + \cdots$$

的和．我们所举的调和级数就是一个例子．又例如无穷级数

$$1 + \frac{1}{2^2} + \frac{1}{3^2} + \cdots + \frac{1}{n^2} + \cdots$$

的和也是不能用初等方法求得的①.

其次就混合级数的倒数级数来说,情况比上面更要复杂些. 我们为了简便起见,只对无穷级数的情形略加讨论.

无穷级数

$$x + \frac{1}{2}x^2 + \frac{1}{3}x^3 + \cdots + \frac{1}{n}x^n + \cdots$$

叫作对数级数. 它也是不能用初等方法求和的. 在高等数学中,可以证明这个级数在 $-1 < x < 1$ 的时候是收敛的,并且它的值等于 $-\log(1-x)$.

我们姑且假定这个结果是已知的. 那么利用这个结果,还可以推出另外一些无穷级数的和. 例如,如果 $x \neq 0$,而且 $-1 < x < 1$,就有:

$$\frac{1}{1 \cdot 2}x + \frac{1}{2 \cdot 3}x^2 + \frac{1}{3 \cdot 4}x^3 + \cdots$$

$$+ \frac{1}{(n-1)n}x^{n-1} + \frac{1}{n(n+1)}x^n + \cdots$$

$$= \left(1 - \frac{1}{2}\right)x + \left(\frac{1}{2} - \frac{1}{3}\right)x^2 + \left(\frac{1}{3} - \frac{1}{4}\right)x^3 + \cdots$$

$$+ \left(\frac{1}{n-1} - \frac{1}{n}\right)x^{n-1} + \left(\frac{1}{n} - \frac{1}{n+1}\right)x^n + \cdots$$

① 在高等数学中可以证明这和的数值等于 $\frac{\pi^2}{6}$.

$$= x - \frac{1}{2}(1-x)x - \frac{1}{3}(1-x)x^2 - \cdots - \frac{1}{n}(1-x)x^{n-1} - \cdots$$

$$= x - \frac{1-x}{x}\left(\frac{1}{2}x^2 + \frac{1}{3}x^3 + \cdots + \frac{1}{n}x^n + \cdots\right)$$

$$= x - \frac{1-x}{x}\left[-\log(1-x) - x\right]$$

$$= 1 + \frac{(1-x)\log(1-x)}{x}.$$

在对 x 做同样的限制之下，又有

$$\frac{1}{1\cdot2\cdot3}x + \frac{1}{2\cdot3\cdot4}x^2 + \frac{1}{3\cdot4\cdot5}x^3 + \cdots$$

$$+ \frac{1}{(n-1)n(n+1)}x^{n-1} + \frac{1}{n(n+1)(n+2)}x^n + \cdots$$

$$= \frac{1}{2}\left(\frac{1}{1\cdot2} - \frac{1}{2\cdot3}\right)x + \frac{1}{2}\left(\frac{1}{2\cdot3} - \frac{1}{3\cdot4}\right)x^2$$

$$+ \frac{1}{2}\left(\frac{1}{3\cdot4} - \frac{1}{4\cdot5}\right)x^3 + \cdots$$

$$+ \frac{1}{2}\left[\frac{1}{(n-1)n} - \frac{1}{n(n+1)}\right]x^{n-1}$$

$$+ \frac{1}{2}\left[\frac{1}{n(n+1)} - \frac{1}{(n+1)(n+2)}\right]x^n + \cdots$$

$$= \frac{1}{4}x - \frac{1}{2}\left[\frac{1}{2\cdot3}(1-x)x + \frac{1}{3\cdot4}(1-x)x^2 + \cdots\right.$$

$$+ \frac{1}{n(n+1)}(1-x)x^{n-1} + \cdots\Big]$$

$$= \frac{1}{4}x - \frac{1-x}{2x}\Big[1 + \frac{(1-x)\log(1-x)}{x} - \frac{1}{1\cdot 2}x\Big]$$

$$= \frac{3}{4} - \frac{1}{2x} - \frac{(1-x)^2\log(1-x)}{2x^2}.$$

这样的手续还可以继续做下去. 不过也和前面讨论的情形一样, 有了这些公式, 仍然不能求出一般的无穷混合级数的倒数级数的和.

十四　级数 $\sum\limits_{n=1}^{\infty} \dfrac{1}{n^2}$ 的渐近值

从上节中已经可以看到, 有很多无穷级数我们是无法在初等数学的范围之内求得它们的准确值的; 而且即使能求出来, 如果它是一个无理数, 那么在实际应用上仍然是不方便的. 因此就实用的价值来说, 我们的任务往往是要用最简捷的方法求得一个无穷级数的有理渐近值.

本节的目的就是建议一个方法, 来求级数

$$1 + \frac{1}{2^2} + \frac{1}{3^2} + \frac{1}{4^2} + \cdots + \frac{1}{n^2} + \cdots$$

的渐近值. 为了简便起见, 我们采用符号 $\sum$ (念作西格玛)

来记级数的和：

$$\frac{1}{1^2} + \frac{1}{2^2} + \frac{1}{3^2} + \frac{1}{4^2} + \cdots + \frac{1}{n^2} + \cdots = \sum_{n=1}^{\infty} \frac{1}{n^2},$$

符号 $\sum$ 下面的 $n=1$ 表示这个无穷级数中的 n 顺序地跑过从 1 开始的所有正整数.

同样，可以写

$$\frac{1}{1 \cdot 2} + \frac{1}{2 \cdot 3} + \cdots + \frac{1}{n(n+1)} + \cdots = \sum_{n=1}^{\infty} \frac{1}{n(n+1)},$$

$$\frac{1}{1 \cdot 2 \cdot 3} + \frac{1}{2 \cdot 3 \cdot 4} + \cdots + \frac{1}{n(n+1)(n+2)} + \cdots$$

$$= \sum_{n=1}^{\infty} \frac{1}{n(n+1)(n+2)},$$

....

有时候，我们并不要考虑级数的全部而只取这个级数的"尾部"；这时可以把符号 $\sum$ 下面的 $n=1$ 改成 $n=N$，表示 n 跑过从 N 开始的一切正整数. 例如

$$\sum_{n=N}^{\infty} \frac{1}{n^2} = \frac{1}{N^2} + \frac{1}{(N+1)^2} + \frac{1}{(N+2)^2} + \cdots$$

下面我们开始进行计算.

第一步 因为

$$\frac{1}{n(n+1)} < \frac{1}{n^2} < \frac{1}{n(n-1)},$$

所以 $\quad 1 = \sum_{n=1}^{\infty} \dfrac{1}{n(n+1)} < \sum_{n=1}^{\infty} \dfrac{1}{n^2} < 1 + \sum_{n=2}^{\infty} \dfrac{1}{n(n-1)} = 2$,

即 $1 < \sum_{n=1}^{\infty} \dfrac{1}{n^2} < 2$. 根据同样的理由,

$$\dfrac{1}{4} = \sum_{n=1}^{\infty} \dfrac{1}{n(n+1)(n+2)} < \sum_{n=1}^{\infty} \left[\dfrac{1}{n^2} - \dfrac{1}{n(n+1)} \right]$$

$$= \sum_{n=1}^{\infty} \dfrac{1}{n^2(n+1)} < \dfrac{1}{2} + \sum_{n=2}^{\infty} \dfrac{1}{(n-1)n(n+1)} = \dfrac{3}{4},$$

于是得到更精密的估计式:

$$\dfrac{5}{4} = 1 + \dfrac{1}{4} < \sum_{n=1}^{\infty} \dfrac{1}{n^2} < 1 + \dfrac{3}{4} = \dfrac{7}{4}.$$

这个方法虽然简单,却有美中不足的地方. 缺点就在于它把级数的各项都放大或缩小,使变成已有方法求和的级数;这样,只要原级数中有一项和被代换的项相差1%,那么得出的答数(渐近值)的准确度就绝不能比1%还小. 因此为了估计得更精确些,我们还得另外想方法.

第二步 设 N 是一个给定了的正整数,我们研究级数的"尾部"

$$\sum_{n=N+1}^{\infty} \dfrac{1}{n^2}.$$

和第一步同样的理由，它适合不等式①

$$\frac{1}{N+1} = \sum_{n=N+1}^{\infty} \frac{1}{n(n+1)}$$

$$< \sum_{n=N+1}^{\infty} \frac{1}{n^2} < \sum_{n=N+1}^{\infty} \frac{1}{n(n-1)} = \frac{1}{N}.$$

这说明了

$$0 < \sum_{n=N+1}^{\infty} \frac{1}{n^2} - \frac{1}{N+1} < \frac{1}{N} - \frac{1}{N+1} = \frac{1}{N(N+1)}.$$

如果选取 $N = 4$，那么上式变成：

$$0 < \sum_{n=1}^{\infty} \frac{1}{n^2} - \left(\frac{1}{1^2} + \frac{1}{2^2} + \frac{1}{3^2} + \frac{1}{4^2}\right) - \frac{1}{4+1}$$

$$= \sum_{n=1}^{\infty} \frac{1}{n^2} - \left(1 + \frac{1}{4} + \frac{1}{9} + \frac{1}{16} + \frac{1}{5}\right) < \frac{1}{20} = 0.05,$$

于是算出 $\sum_{n=1}^{\infty} \frac{1}{n^2}$ 的渐近值是

$$a_1 = 1 + \frac{1}{4} + \frac{1}{9} + \frac{1}{16} + \frac{1}{5} = 1.6236.$$

它的误差不超过 5%.

第三步 我们还可以把 $\sum_{n=1}^{\infty} \frac{1}{n^2}$ 的渐近值继续精密化. 试考察

---

① 级数 $\sum_{n=N+1}^{\infty} \frac{1}{n(n-1)} = \frac{1}{N}$, $\sum_{n=N+1}^{\infty} \frac{1}{n(n+1)} = \frac{1}{N+1}$, 可以用上一节所用的方法来证明. 以下还有类似的等式也是这样.

$$\sum_{n=N+1}^{\infty} \left[\frac{1}{n^2} - \frac{1}{n(n+1)} \right] = \sum_{n=N+1}^{\infty} \frac{1}{n^2(n+1)},$$

它适合不等式

$$\frac{1}{2(N+1)(N+2)} = \sum_{n=N+1}^{\infty} \frac{1}{n(n+1)(n+2)}$$

$$< \sum_{n=N+1}^{\infty} \left[\frac{1}{n^2} - \frac{1}{n(n+1)} \right]$$

$$< \sum_{n=N+1}^{\infty} \frac{1}{(n-1)n(n+1)} = \frac{1}{2N(N+1)},$$

也就是

$$0 < \sum_{n=N+1}^{\infty} \frac{1}{n^2} - \frac{1}{N+1} - \frac{1}{2(N+1)(N+2)}$$

$$< \frac{1}{2N(N+1)} - \frac{1}{2(N+1)(N+2)}$$

$$= \frac{1}{N(N+1)(N+2)}.$$

仍选取 $N=4$，得到：

$$0 < \sum_{n=1}^{\infty} \frac{1}{n^2} - \left[a_1 + \frac{1}{2(4+1)(4+2)} \right]$$

$$= \sum_{n=1}^{\infty} \frac{1}{n^2} - \left(a_1 + \frac{1}{60} \right) < \frac{1}{120} = 0.0083.$$

所以求得 $\sum_{n=1}^{\infty} \frac{1}{n^2}$ 的更精确的渐近值是

$$a_2 = a_1 + \frac{1}{60} = 1.64027 .$$

它的误差不超过 0.0083，即准确到小数点后两位。

第四步 再应用类似的方法，又有不等式

$$\frac{2}{3(N+1)(N+2)(N+3)} = \sum_{n=N+1}^{\infty} \frac{2}{(n+1)(n+2)(n+3)}$$

$$< \sum_{n=N+1}^{\infty} \left[\frac{1}{n^2} - \frac{1}{n(n+1)} - \frac{1}{n(n+1)(n+2)} \right]$$

$$= \sum_{n=N+1}^{\infty} \frac{2}{n^2(n+1)(n+2)}$$

$$< \sum_{n=N+1}^{\infty} \frac{2}{(n-1)n(n+1)(n+2)} = \frac{2}{3N(N+1)(N+2)},$$

或

$$0 < \sum_{n=N+1}^{\infty} \frac{1}{n^2} - \frac{1}{N+1} - \frac{1}{2(N+1)(N+2)}$$

$$- \frac{2}{3(N+1)(N+2)(N+3)}$$

$$< \frac{2}{N(N+1)(N+2)(N+3)} .$$

仍取 $N = 4$，那么有：

$$0 < \sum_{n=1}^{\infty} \frac{1}{n^2} - \left(a_2 + \frac{1}{315} \right) < \frac{1}{420} = 0.0024 .$$

由此得出 $\sum_{n=1}^{\infty} \frac{1}{n^2}$ 的更精确的渐近值是

$$a_3 = a_2 + \frac{1}{315} = a_2 + 0.00317 = 1.64344.$$

它的误差不超过 0.0024.

这一步骤可以继续进行下去.算的次数愈多,得出的渐近值的准确度就愈大.例如总是取 $N=4$,当我们算到第六次时,就可以保证准确到小数点后三位.但是必须指出:这个方法算到后面,得出的渐近值逼近准确数的速度非常缓慢;换句话说,如果要使小数部分的准确度向后推移一位,往往要算好几次.例如像上面的情形,从小数第二位到第三位,就要经过 3 次运算才能获得.

自然,如果我们要得出更近似的结果,还可以把 N 取得大些,只不过这时候计算的手续要多做几次罢了.例如取 $N=10$,把上面步骤进行 5 次,就得到在一般情况下已经足够适用的渐近值 1.64493,它和 $\sum\limits_{n=1}^{\infty} \frac{1}{n^2}$ 的误差不超过 0.000005,即它的前四位小数都是准确的.

精确地估计一个无穷级数的和的值,是"近似计算"的内容之一,在实际上有很重要的应用,我们决不可轻视它.本节只是举出一个例子.

(据中国青年出版社 1962 年版排印)

2. 从祖冲之的圆周率谈起

　　"……宋末南徐州从事史祖冲之更开密法，以圆径……为一丈，圆周盈数三丈一尺四寸一分五厘九毫二秒七忽；朒数三丈一尺四寸一分五厘九毫二秒六忽；正数在盈朒二限之间．密率：圆径一百一十三，圆周三百五十五；约率：圆径七，周二十二．……指要精密，算氏之最者也．所著书，名为缀术，学官莫能究其深奥，是故废而不理．"

　　　　　　　　　——唐长孙无忌《隋书》卷十六律历卷十一

一　祖冲之的约率 $\frac{22}{7}$ 和密率 $\frac{355}{113}$

　　祖冲之是我国古代伟大的数学家．他生于 429 年，卒于 500 年．他的儿子祖暅和他的孙子祖皓，也都是数学家，善算历．

关于圆周率 π，祖冲之的贡献有二：

(i) $3.1415926 < \pi < 3.1415927$；

(ii) 他用 $\dfrac{22}{7}$ 作为约率，$\dfrac{355}{113}$ 作为密率.

这些结果是刘徽割圆术之后的重要发展. 刘徽从圆内接正六边形起算，令边数一倍一倍地增加，即 12，24，48，96，…，1536，…，因而逐个算出六边形、十二边形、二十四边形……的边长，这些数值逐步地逼近圆周率. 刘徽方法的特点，是得出一批一个大于一个的数值，这样来一步一步地逼近圆周率. 这方法是可以无限精密地逼近圆周率的，但每一项都比圆周率小.

祖冲之的结果 (i) 从上下两方面指出了圆周率的误差范围. 这是大家都容易看到的事实，因此在这本小书中不预备多讲. 我只准备着重地谈一谈结果 (ii). 在谈到 $\dfrac{355}{113}$ 的时候，一定能从

$$\frac{355}{113} = 3.1415929\cdots$$

看出，他所提出的 $\dfrac{355}{113}$ 惊人精密地接近于圆周率，准确到六位小数. 也有人会指出这一发现比欧洲人早了 1000 年. 因为德国人奥托（Valenlinus Otto）在 1573 年才发现这个分数. 如果

更深入地想一下，就会发现 $\frac{22}{7}$ 和 $\frac{355}{113}$ 的意义还远不止这些．

有些人认为那时的人们喜欢用分数来计算．这样看问题未免太简单了．其实其中孕育着不少道理，这道理可以用来推算天文上的很多现象．无怪乎祖冲之祖孙三代都是算历的专家．这个约率和密率，提出了"用有理数最佳逼近实数"的问题．"逼近"这个概念在近代数学中是十分重要的．

二　人造行星将于 2113 年又接近地球

我们暂且把"用有理数最佳逼近实数"的问题放一放，而再提一个事实：

1959 年苏联第一次发射了一个人造行星，报上说：苏联某专家算出，5 年后这个人造行星又将接近地球，在 2113 年又将非常接近地球．这是怎样算出来的？难不难，深奥不深奥？我们中学生能懂不能懂？我说能懂的！不需要专家，中学生是可以学懂这个方法的．

先看为什么 5 年后这个人造行星会接近地球．报上登过这个人造行星绕太阳一周的时间是 450 天．如果以地球绕日一周 360 天计算，地球走 5 圈和人造行星走 4 圈不都是 1800 天吗？因此 5

年后地球和人造行星将相互接近．至于为什么在2113年这个人造行星和地球又将非常接近？我们将在第四节中说明．

再看 5 圈是怎样算出来的．任何中学生都会回答：这是由于约分

$$\frac{360}{450} = \frac{4}{5}$$

而得来的，或者这是求 450 和 360 的最小公倍数而得来的．它们的最小公倍数是 1800，而 $\frac{1800}{360} = 5$，$\frac{1800}{450} = 4$；也就是当地球绕太阳 5 圈时，人造行星恰好回到了原来的位置．求最小公倍数在这儿找到了用场．在进入下节介绍辗转相除法之前，我们再说一句，地球绕太阳并不是 360 天一周，而是 $365\frac{1}{4}$ 天．因而仅仅学会求最小公倍数法还不能够应付这一问题，还须更上一层楼．

三　辗转相除法和连分数

我们还是循序渐进吧．先从简单的（原来在小学或初中一年级讲授的）辗转相除法讲起．但我们采用较高的形式，采用学过代数学的同学所能理解的形式．

给两个正整数 a 和 b，用 b 除 a 得商 a_0，余数 r．写成式子

$$a = a_0 b + r, \quad 0 \leqslant r < b. \tag{1}$$

这是最基本的式子．如果 $r = 0$，那么 b 可以除尽 a，而 a、b 的最大公约数就是 b．

如果 $r \neq 0$，再用 r 除 b，得商 a_1，余数 r_1，

即

$$b = a_1 r + r_1, \quad 0 \leqslant r_1 < r. \tag{2}$$

如果 $r_1 = 0$，那么 r 除尽 b，由（1）它也除尽 a．又任何一个除尽 a 和 b 的数，由（1）也一定除尽 r．因此，r 是 a、b 的最大公约数．

如果 $r_1 \neq 0$，用 r_1 除 r，得商 a_2，余数 r_2，

即

$$r = a_2 r_1 + r_2, \quad 0 \leqslant r_2 < r_1. \tag{3}$$

如果 $r_2 = 0$，那么由（2）r_1 是 b、r 的公约数，由（1）它也是 a、b 的公约数．反之，如果一数除得尽 a、b，那由（1）它一定除得尽 b、r，由（2）它一定除得尽 r、r_1，所以 r_1 是 a、b 的最大公约数．

如果 $r_2 \neq 0$，再用 r_2 除 r_1，如法进行．由于 $b > r > r_1 > r_2 > \cdots (\geqslant 0)$ 逐步小下来，因此经过有限步骤后一定可以找出 a、b 的最大公约数来（最大公约数可以是 1）．这就是**辗转相除法**，或称**欧几里得算法**．这个方法是我们这本小册子的灵魂．

例 1 求 360 和 450 的最大公约数.

$$450 = 1 \times 360 + 90,$$

$$360 = 4 \times 90.$$

所以 90 是 360、450 的最大公约数. 由于最小公倍数等于两数相乘再除以最大公约数, 因此这二数的最小公倍数等于

$$360 \times 450 \div 90 = 1800,$$

因而得出上节的结果.

例 2 求 42897 和 18644 的最大公约数.

$$42897 = 2 \times 18644 + 5609,$$

$$18644 = 3 \times 5609 + 1817,$$

$$5609 = 3 \times 1817 + 158,$$

$$1817 = 11 \times 158 + 79,$$

$$158 = 2 \times 79.$$

因此最大公约数等于 79.

计算的草式如下:

```
  42897
 -37288    2 | 18644
 ───────       
   5609    3 | 16827
   5451    3 | 1817
 ───────       
    158   11 | 1738
    158    2 |   79
 ───────     ─────
      0
```

例 2 的计算也可以写成为

$$\frac{42897}{18644} = 2 + \frac{5609}{18644} = 2 + \cfrac{1}{\cfrac{18644}{5609}}$$

$$= 2 + \cfrac{1}{3 + \cfrac{1817}{5609}} = 2 + \cfrac{1}{3 + \cfrac{1}{3 + \cfrac{158}{1817}}}$$

$$= 2 + \cfrac{1}{3 + \cfrac{1}{3 + \cfrac{1}{11 + \cfrac{79}{158}}}} = 2 + \cfrac{1}{3 + \cfrac{1}{3 + \cfrac{1}{11 + \cfrac{1}{2}}}}.$$

这样的繁分数称为**连分数**. 为了节省篇幅, 我们把它写成

$$2 + \frac{1}{3+} \frac{1}{3+} \frac{1}{11+} \frac{1}{2}.$$

注意 2、3、3、11、2 都是草式中间一行的数字. 倒算回去, 得

$$2 + \frac{1}{3+} \frac{1}{3+} \frac{1}{11+} \frac{1}{2} = 2 + \frac{1}{3+} \frac{1}{3+} \frac{2}{23}$$

$$= 2 + \frac{1}{3+} \frac{23}{71} = 2 + \frac{71}{236} = \frac{543}{236}.$$

这就是原来分数的既约分数.

依次截段得

2，$2 + \dfrac{1}{3} = \dfrac{7}{3}$，$2 + \dfrac{1}{3 + } \dfrac{1}{3} = \dfrac{23}{10}$，$2 + \dfrac{1}{3 + } \dfrac{1}{3 + } \dfrac{1}{11} = \dfrac{260}{113}$．

这些分数称为 $\dfrac{543}{236}$ 的**渐近分数**．我们看到第一个渐近分数比

$\dfrac{543}{236}$ 小，第二个渐近分数比它大，第三个又比它小，……为什

么叫作渐近分数？我们看一下分母不超过 10 的分数和 $\dfrac{543}{236}$ 相

接近的情况．

分母是 1，2，3，4，5，6，7，8，9，10，而最接近于

$\dfrac{543}{236}$ 的分数是

$$\dfrac{2}{1}，\dfrac{5}{2}，\dfrac{7}{3}，\dfrac{9}{4}，\dfrac{12}{5}，\dfrac{14}{6}，\dfrac{16}{7}，\dfrac{19}{8}，\dfrac{21}{9}，\dfrac{23}{10}．$$

取二位小数，它们分别等于

2.00，2.50，2.33，2.25，2.40，2.33，2.29，2.38，

2.33，2.30. 和 $\dfrac{543}{236} = 2.30$ 相比较，可以发现其中有几个特出

的既约分数

$$\dfrac{2}{1}，\dfrac{5}{2}，\dfrac{7}{3}，\dfrac{16}{7}，\dfrac{23}{10}，$$

这几个数比它们以前的数都更接近于 $\dfrac{543}{236}$．而其中 $\dfrac{2}{1}$，$\dfrac{7}{3}$，

$\dfrac{23}{10}$ 都是由连分数截段算出的数,即它们都是渐近分数.

我们现在再证明:分母小于 113 的分数里面,没有一个比 $\dfrac{260}{113}$ 更接近于 $\dfrac{543}{236}$ 了. 要证明这点很容易,首先

$$\left|\frac{543}{236}-\frac{260}{113}\right|=\frac{1}{236\times 113}.$$

命 $\dfrac{a}{b}$ 是任一分母 b 小于 113 的分数,那么

$$\left|\frac{543}{236}-\frac{a}{b}\right|=\frac{|543b-236a|}{236\times b}$$

$$\geqslant \frac{1}{236\times b}>\frac{1}{236\times 113}.$$

四　答第二节的问

现在我们来回答第二节里的问题:怎样算出人造行星 2113 年又将非常接近地球?

人造行星绕日一周需 450 天,地球绕日一周是 $365\dfrac{1}{4}$ 天. 如果以 $\dfrac{1}{4}$ 天做单位,那么人造行星和地球绕日一周的时间各为 1800 个和 1461 个单位. 如上节所讲的方法,

$$\begin{array}{r|r|r}
1800 & & \\
1461 & 1 & 1461 \\ \hline
339 & 4 & 1356 \\ \hline
315 & 3 & 105 \\ \hline
24 & 4 & 96 \\ \hline
18 & 2 & 9 \\ \hline
6 & 1 & 6 \\ \hline
6 & 2 & 3 \\ \hline
0 & &
\end{array}$$

即得连分数

$$1 + \cfrac{1}{4+} \cfrac{1}{3+} \cfrac{1}{4+} \cfrac{1}{2+} \cfrac{1}{1+} \cfrac{1}{2}.$$

由此得渐近分数

$$1, \quad 1+\frac{1}{4}=\frac{5}{4}, \quad 1+\cfrac{1}{4+}\cfrac{1}{3}=\frac{16}{13}, \quad 1+\cfrac{1}{4+}\cfrac{1}{3+}\cfrac{1}{4}=\frac{69}{56},$$

$$1+\cfrac{1}{4+}\cfrac{1}{3+}\cfrac{1}{4+}\cfrac{1}{2}=\frac{154}{125}, \quad \cdots$$

第一个渐近分数说明了地球 5 圈, 人造行星 4 圈, 即 5 年后人造行星和地球接近. 但地球 16 圈, 人造行星 13 圈更接近些; 地球 69 圈, 人造行星 56 圈还要接近些; 而地球 154 圈, 人造行星 125 圈又要更接近些. 这就是报上所登的苏联专家所算出的数字了, 这也就是在

$$1959 + 154 = 2113$$

年，人造行星将非常接近地球的道理.

当然，由于连分数还可以做下去，所以我们可以更精密地算下去；但是因为 450 天和 $365\frac{1}{4}$ 天这两个数字本身并不很精确，所以再继续算下去也就没有太大的必要了. 但读者不妨作为习题再算上一项.

五 约率和密率的内在意义

在上节中，我们将 $365\frac{1}{4}$、450 乘 4 以后再算. 实际上，在求两个分数的比的连分数时，不必把它们化为两个整数再算.

例如，3.14159265 和 1 可以计算如下：

3.14159265			
3		3	1
0.14159265		7	0.99114855
0.13277175		15	0.00885145
0.00882090		1	0.00882090
			0.00003055,

即得

$$\pi = 3 + \frac{1}{7} + \frac{1}{15} + \frac{1}{1} + \cdots$$

渐近分数是

3 　　　　　　　 [径一周三,《周髀算经》],

$$3 + \frac{1}{7} = \frac{22}{7} \quad\quad\quad [约率,何承天(370~447)],$$

$$3 + \frac{1}{7 + } \frac{1}{15} = \frac{333}{106},$$

$$3 + \frac{1}{7 + } \frac{1}{15 + } \frac{1}{1} = \frac{355}{113} \quad [密率,祖冲之(429~500)].$$

实际算出 $\frac{22}{7} = 3.142$ 和 $\frac{355}{113} = 3.1415929$,误差分别在小数点后第三位和第七位.

用比 $\pi = 3.14159265$ 更精密的圆周率来计算,我们可以得出

$$\pi = 3 + \frac{1}{7 + } \frac{1}{15 + } \frac{1}{1 + } \frac{1}{292 + } \frac{1}{1 + } \frac{1}{1 + } \cdots.$$

$\frac{355}{113}$ 之后的一个渐近分数是 $\frac{103993}{33102}$. 这是一个很不容易记忆、也不便于应用的数.

以下的数据说明,分母比 7 小的分数不比 $\frac{22}{7}$ 更接近于 π,而分母等于 8 的也不比 $\frac{22}{7}$ 更接近于 π.

分母 q	$q\pi$	分子 p	$\pi - \dfrac{p}{q}$
1	3.1416	3	0.1416

分母 q	$q\pi$	分子 p	$\pi - \dfrac{p}{q}$
2	6.2832	6	0.1416
3	9.4248	9	0.1416
4	12.5664	13	-0.1084
5	15.7080	16	-0.0584
6	18.8496	19	-0.0251
7	21.9912	22	-0.0013
8	25.1328	25	0.0166

关于 $\dfrac{333}{106}$ 也有同样性质（以后将会证明的）. 为了避免不必要的计算, 我仅仅指出,

$$\left|\pi - \frac{330}{105}\right| = \left|\pi - \frac{22}{7}\right| = 0.0013,$$

$$\left|\pi - \frac{333}{106}\right| = 0.00009,$$

$$\left|\pi - \frac{336}{107}\right| = 0.0014,$$

以 $\dfrac{333}{106}$ 的误差为最小. 又

$$\left|\pi - \frac{352}{112}\right| = 0.0013,$$

$$\left| \pi - \frac{355}{113} \right| = 0.0000003,$$

$$\left| \pi - \frac{358}{114} \right| = 0.0012,$$

以 $\frac{335}{113}$ 的误差为最小.

总之,在分母不比 8、107、114 大的分数中,分别不比 $\frac{22}{7}$、$\frac{333}{106}$、$\frac{335}{113}$ 更接近于 π;而 $\frac{22}{7}$、$\frac{335}{113}$ 又是两个相当便于记忆和应用的分数.我国古代的数学家祖冲之能在这么早的年代,得到 π 的这样两个很理想的近似值,是多么不简单的事.

注意 并不是仅有这些数有这性质,例如 $\frac{311}{99}$ 就是一个.

$$\left| \pi - \frac{308}{98} \right| = 0.0013, \quad \left| \pi - \frac{311}{99} \right| = 0.0002,$$

$$\left| \pi - \frac{314}{100} \right| = 0.0016,$$

又 $\frac{374}{119} = 3.1429$, $\frac{377}{120} = 3.14167$, $\frac{380}{121} = 3.1405$.

这说明 $\frac{377}{120}$ 比另外两个数来得好,但是它的分母比 $\frac{355}{113}$ 的分母大,而且它不比 $\frac{355}{113}$ 更精密.

六　为什么四年一闰，而百年又少一闰?

如果地球绕太阳一周是 365 天整，那我们就不需要分平年和闰年了，也就是没有必要每隔四年把二月份的 28 天改为 29 天了.

如果地球绕太阳一周恰恰是 $365\frac{1}{4}$ 天，那我们四年加一天的算法就很精确，没有必要每隔一百年又少加一天了.

如果地球绕太阳一周恰恰是 365.24 天，那一百年必须有 24 个闰年，即四年一闰而百年少一闰，这就是我们用的历法的来源. 由 $\frac{1}{4}$ 可知：每四(分母)年加一(分子)天；由 $\frac{24}{100}$ 可知：每百(分母)年加 24(分子)天.

但是事实并不这样简单，地球绕日一周的时间是 365.2422 天. 由

$$0.2422 = \frac{2422}{10000}$$

可知：一万年应加上 2422 天，但按百年 24 闰计算只加了 2400 天，显然少算了 22 天.

现在让我们用求连分数的渐近分数来求得更精密的

结果.

我们知道地球绕太阳一周需时 365 天 5 小时 48 分 46 秒,
也就是

$$365 + \frac{5}{24} + \frac{48}{24 \times 60} + \frac{46}{24 \times 60 \times 60} = 365\frac{10463}{43200},$$

展开得连分数

$$365\frac{10463}{43200} = 365 + \cfrac{1}{4 +} \cfrac{1}{7 +} \cfrac{1}{1 +} \cfrac{1}{3 +} \cfrac{1}{5 +} \cfrac{1}{64}.$$

分数部分的渐近分数是

$$\frac{1}{4}, \quad \cfrac{1}{4 +} \cfrac{1}{7} = \frac{1}{29}, \quad \cfrac{1}{4 +} \cfrac{1}{7 +} \cfrac{1}{1} = \frac{8}{33},$$

$$\cfrac{1}{4 +} \cfrac{1}{7 +} \cfrac{1}{1 +} \cfrac{1}{3} = \frac{31}{128}, \quad \cfrac{1}{4 +} \cfrac{1}{7 +} \cfrac{1}{1 +} \cfrac{1}{3 +} \cfrac{1}{5} = \frac{163}{673},$$

$$\cfrac{1}{4 +} \cfrac{1}{7 +} \cfrac{1}{1 +} \cfrac{1}{3 +} \cfrac{1}{5 +} \cfrac{1}{64} = \frac{10463}{43200}.$$

和 π 的渐近分数一样,这些渐近分数也一个比一个精密.这

数学知识竞赛五讲

说明四年加一天是初步的最好的近似值，但 29 年加 7 天更精密些，33 年加 8 天又更精密些，而 99 年加 24 天正是我们百年少一闰的由来．由数据也可见 128 年加 31 天更精密（也就是说头三个 33 年各加 8 天，后一个 29 年加 7 天，共 3 × 33 + 29 = 128 年加 3 × 8 + 7 = 31 天），等等．

所以积少成多，如果过了 43200 年，照百年 24 闰的算法一共加了 432 × 24 = 10368 天，但是照精密的计算，却应当加 10463 天，一共少加了 95 天．也就是说，按照百年 24 闰的算法，过 43200 年后，人们将提前 95 天过年，也就是在秋初就要过年了！

不过我们的历法除订定四年一闰、百年少一闰外，还订定每 400 年又加一闰，这就差不多补偿了按百年 24 闰计算少算的差数．因此照我们的历法，即使过 43200 年后，人们也不会在秋初就过年．我们的历法是相当精确的．

七　农历的月大月小、闰年闰月

农历的大月三十天、小月二十九天是怎样安排的？

我们先说明什么叫朔望月．出现相同月面所间隔的时间称为**朔望月**，也就是从满月（望）到下一个满月，从新月（朔）

到下一个新月，从蛾眉月(弦)到下一个同样的蛾眉月所间隔的时间. 我们把朔望月取作农历月.

已经知道朔望月是 29.5306 天，把小数部分展为连分数

$$0.5306 = \frac{1}{1}+\frac{1}{1}+\frac{1}{7}+\frac{1}{1}+\frac{1}{2}+\frac{1}{33}+\frac{1}{1}+\frac{1}{2},$$

它的渐近分数是

$$\frac{1}{1},\ \frac{1}{2},\ \frac{8}{15},\ \frac{9}{17},\ \frac{26}{49},\ \frac{867}{1634},\ \frac{893}{1683},\ \frac{2653}{5000}.$$

也就是说，就一个月来说，最近似的是 30 天，两个月就应当一大一小，而 15 个月中应当 8 大 7 小，17 个月中 9 大 8 小等等. 就 49 个月来说，前两个 17 个月里，都有 9 大 8 小，最后 15 个月里，有 8 大 7 小，这样在 49 个月中，就有 26 个大月.

再谈农历的闰月的算法. 地球绕日一周需 365.2422 天，朔望月是 29.5306 天，而它正是我们通用的农历月，因此一年中应该有

$$\frac{365.2422}{29.5306} = 12.37\cdots = 12\frac{10.8750}{29.5306}$$

个农历的月份，也就是多于 12 个月. 因此农历有些年是 12 个月；而有些年有 13 个月，称为闰年. 把 0.37 展成连分数

$$0.37 = \frac{1}{2}+\frac{1}{1}+\frac{1}{2}+\frac{1}{2}+\frac{1}{1}+\frac{1}{3},$$

它的渐近分数是

$$\frac{1}{2}, \frac{1}{3}, \frac{3}{8}, \frac{7}{19}, \frac{10}{27}, \frac{37}{100}.$$

因此，两年一闰太多，三年一闰太少，八年三闰太多，十九年七闰太少．如果算得更精密些

$$\frac{10.8750}{29.5306} = \frac{1}{2} + \frac{1}{1} + \frac{1}{2} + \frac{1}{1} + \frac{1}{1} + \frac{1}{16} + \frac{1}{1} + \frac{1}{5} + \frac{1}{2} + \frac{1}{6} +$$

$$\frac{1}{2} + \frac{1}{2}.$$

它的渐近分数是

$$\frac{1}{2}, \frac{1}{3}, \frac{3}{8}, \frac{4}{11}, \frac{7}{19}, \frac{116}{315}, \frac{123}{334}, \frac{731}{1985}, \cdots.$$

八　火星大冲

我们知道地球和火星差不多在同一平面上围绕太阳旋转；火星轨道在地球轨道之外．当太阳、地球和火星在一直线上并且地球在太阳和火星之间时，这种现象称为冲．在冲时地球和火星的距离比冲之前和冲之后的距离都小，因此便于观察．地球轨道和火星轨道之间的距离是有远有近的．在地球轨道和火星轨道最接近处发生的冲叫大冲．理解冲的现象最

方便的办法是看钟面．时针和分针相重合就是冲．12 小时中有多少次冲？分针一小时走 $360°$（$= 2\pi$），时针走 $30°$ $\left(= \dfrac{2\pi}{12} \right)$．从 12 点整开始，走了 t 小时后，分针和时针的角度差是

$$\left(2\pi - \frac{2\pi}{12} \right) t.$$

如果两针相重，那么这差额应是 2π 的整数倍，也就是要求出哪些 t 满足下列等式：

$$\left(2\pi - \frac{2\pi}{12} \right) t = 2\pi n.$$

其中 n 是整数，也就是要找 t 使

$$\frac{11}{12} t$$

是整数，即在 $\dfrac{12}{11}$，$2 \times \dfrac{12}{11}$，$3 \times \dfrac{12}{11}$，$\cdots$ 小时时，分针和时针发生了冲，在 12 小时中共有 11 次冲．

现在回到火星大冲问题．火星绕日一周需 687 天，地球绕日一周需 $365\dfrac{1}{4}$ 天．把它们的比展成连分数

$$\frac{687}{365.25} = 1 + \frac{1}{1+} \frac{1}{7+} \frac{1}{2+} \frac{1}{1+} \frac{1}{1+} \frac{1}{11},$$

取一个渐近分数

$$1 + \cfrac{1}{1 + \cfrac{1}{7}} = \frac{15}{8},$$

它说明地球绕日15圈和火星绕日8圈的时间差不多相等，也就是大约15年后火星和地球差不多回到了原来的位置，即从第一次大冲到第二次大冲需间隔15年. 上一次大冲在1956年9月，下一次约在1971年8月.

再看看冲的情况如何？每一天地球转过 $\frac{2\pi}{365.25}$ 度，火星转过 $\frac{2\pi}{687}$ 度. 我们看在什么时候太阳、地球和火星在一直线上. 在 t 天之后，地日火的夹角等于

$$\left(\frac{2\pi}{365.25} - \frac{2\pi}{687} \right) t.$$

如果三者在一直线上，并且地球在太阳和火星之间，那么有整数 n 使

$$\left(\frac{2\pi}{365.25} - \frac{2\pi}{687} \right) t = 2\pi n,$$

即

$$t = \frac{687 \times 365.25}{321.75} \times n = 780 \times n,$$

于是当 $n = 1$，2，… 时所求出的 t 都是发生冲的时间. 所以约每隔2年50天有一次冲.

注意

1. 对于冲的发生可以严格要求三星一线，但对于大冲仅要求差不多共线就行了．然而二者都要求地球在太阳和火星之间．

2. 如果钟面上还有秒针，问是否可能三针重合？

九　日月食

前面已经介绍过朔望月，现在再介绍交点月．大家知道地球绕太阳转，月亮绕地球转．地球的轨道在一个平面上，称为黄道面．而月亮的轨道并不在这个平面上，因此月亮轨道和这黄道面有交点．具体地说，月亮从地球轨道平面的这一侧穿到另一侧时有一个交点，再从另一侧又穿回这一侧时又有一个交点，其中一个在地球轨道圈内，另一个在圈外．从圈内交点到圈外交点所需时间称为交点月．交点月约为 27.2123 天．

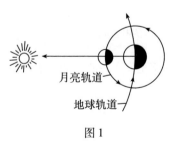

月亮轨道

地球轨道

图 1

当太阳、月亮和地球的中心在一直线上，这时就发生日食(图 1)或月食(如果月亮在地球的另一侧)．如图 1，由于三点在一直线上，因此月亮一定在地球轨道平面上，也就是月亮在交点上；同时也是月亮全黑的时候，也就是朔。从这样的位置再回到同样的位置必须要有两个条件：从一交点到同一交点（这和交点月有关）；从朔到朔（这和朔望月有关）。现在我们来求朔望月和交点月的比。

我们有

$$\frac{29.5306}{27.2123} = 1 + \frac{1}{11+} \frac{1}{1+} \frac{1}{2+} \frac{1}{1+} \frac{1}{4+} \frac{1}{2+} \frac{1}{9+} \frac{1}{1+} \frac{1}{25+} \frac{1}{2},$$

考虑渐近分数

$$1 + \frac{1}{11+} \frac{1}{1+} \frac{1}{2+} \frac{1}{1+} \frac{1}{4} = \frac{242}{223},$$

而 223×29.5306 天 $= 6585$ 天 $= 18$ 年 11 天.

这就是说，经过了 242 个交点月或 223 个朔望月以后，太阳、月亮和地球又差不多回到了原来的相对位置。应当注意的是不一定这三个天体的中心准在一直线上时才出现日食或月食，稍偏一些也会发生，因此在这 18 年 11 天中会发生好多次日食和月食（约有 41 次日食和 29 次月食），虽然相邻两次日食（或月食）的间隔时间并不是一个固定的数，但是经过了 18 年 11 天以后，由于这三个天体又回到了原来的相对位置，因此在这 18 年 11 天中日食、月食发生的规律又重复出现了。这个交食（日食月食的总称）的周期称为沙罗周期．"沙罗"就是重复的意思．求出了沙罗周期，就大大便于日食月食的测定．

十　日月合璧，五星联珠，七曜同宫

今年(1962年)2月5日那天，正当我们欢度春节的时候，天空中出现了一个非常罕见的现象，那就是金、木、水、火、土五大行星在同一方向上出现，而且就在这方向上日食也正好发生．这种现象称为日月合璧，五星联珠，七曜同宫(图2)，这是几百年才出现一次的现象．

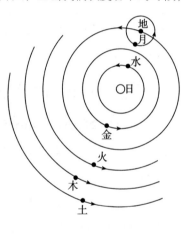

图2

天文学家把"天"划分成若干部分，每一部分称为一个星座．通过黄道面的共有12个星座，称为黄道十二宫．这次金、木、水、火、土、日、月七个星球同时走到了一个宫内(宝瓶宫)，而日食也在这宫内发生．

现在我们根据下表来说明这种现象是怎样发生的.

星　别	水　星	金　星	火　星	土　星	木　星	太　阳	月　亮
赤经	318°15′	320°30′	319°45′	321°15′	323°45′	315°15′	318°
赤纬	12°24′	16°45′	20°36′	19°40′	15°54′	16°08′	15°57′

表中的赤经和赤纬表示某一星球的方向. 如果两个星球对应的赤经和赤纬很接近, 那么在地球上看起来, 它们在同一个方向上出现. 表中所列是 1962 年 2 月 5 日那天各星球的方向, 由此可见它们方向的相差是不大的. 怎样来理解不大? 钟面上每一小时代表 $\frac{360°}{12}=30°$, 每一分钟代表 $\frac{30°}{5}=6°$, 也就是一分钟的角度是 6°. 这就可以看出这七个星球的方向是多么互相接近了.

为什么又称为五星联珠呢? 我们看起来, 那天金、木、水、火、土五星的位置差不多在一起, 但实际上它们是有远有近的, 因此好像串成了一串珠子一样. 这种现象也称为五星聚. 古代迷信的人把五星联珠看作吉祥之兆, 因此把相差不超过 45°的情况都称为五星联珠了.

关于这种现象, 远在 2000 多年前, 我国历史上就有了记载. 在《汉书》律历志上是这样写的:

复覆太初历, 晦朔弦望皆最密, 日月如合璧, 五星如连珠.

而且还有一个注:

太初上元甲子夜半朔旦冬至时, 七曜皆会聚斗牵牛分度,
夜尽如合璧连球.

太初是汉武帝的年号, 在公元前 104 年.

读者一定希望知道何时再发生几个星球的联珠现象, 我们在下面两节中提出一个考虑这个问题的粗略方法.

十一　计算方法

我们用以下方法解决类似于上节所提出的问题.

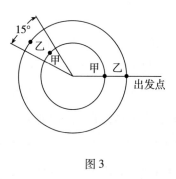

图 3

问题 1 假定有内外两圈圆跑道, 甲在里圈沿逆时针方向匀速行走, 49 分走完一圈; 乙在外圈也沿逆时针方向匀速行走, 86 分钟走完一圈. 出发时他们和圆心在一直线上. 问何时甲、乙在圆心所张的角度小于 15°?

解　甲每分钟行走 $\dfrac{2\pi}{49}$ 度, 乙每分钟行走 $\dfrac{2\pi}{86}$ 度. t 分钟

后，走过的角度差是 $\left(\dfrac{2\pi}{49}-\dfrac{2\pi}{86}\right)t$．所以他们与圆心连接的角度是

$$\theta=\left(\frac{2\pi}{49}-\frac{2\pi}{86}\right)t-2\pi m,$$

这儿 m 是一个自然数，使 θ 的绝对值最小．问题一变而为 t 是何值时，存在自然数 m 使

$$\left|\left(\frac{2\pi}{49}-\frac{2\pi}{86}\right)t-2\pi m\right|<15°=\frac{2\pi\times15}{360}=\frac{2\pi}{24},$$

也就是

$$\left|\frac{37t}{4214}-m\right|<\frac{1}{24}.$$

取 $m=0$，得

$$t<\frac{4214}{37\times24}=4.75,$$

即在出发后 4.75 分钟之内夹角都小于 15°．

取 $m=1$，得

$$\frac{23}{24}<\frac{37}{4214}t<\frac{25}{24},$$

即

$$109.15\leqslant t\leqslant118.64,$$

也就是说，出发 4.75 分钟后，夹角开始变得大于 15°；在出发后的 109.15 分到 118.64 分之间时，夹角又在 15° 内．

一般地讲，

$$m-\frac{1}{24}<\frac{37}{4214}t<m+\frac{1}{24},$$

即
$$\frac{4214}{37}m - \frac{4214}{24 \times 37} < t < \frac{4214}{37}m + \frac{4214}{37 \times 24},$$

$$113.9m - 4.75 < t < 113.9m + 4.75. \tag{1}$$

这个问题看来较难，而实质上比本文所讨论的其他问题都更容易．把这问题代数化一下：假定甲、乙各以 a、b 分钟走完一圈，那么

$$\left| \left(\frac{1}{a} - \frac{1}{b} \right) t - m \right| \leqslant \frac{1}{24},$$

即

$$\frac{ab}{b-a}\left(m - \frac{1}{24} \right) < t < \frac{ab}{b-a}\left(m + \frac{1}{24} \right), \quad m = 1, 2, 3, \cdots.$$

问题 2　如果还有一圈，丙以 180 分钟走完一圈，问何时三个人同在一个 15° 的角内？

解　在直线上用红铅笔标上区间（1），即从 0 到 4.75，113.9 − 4.75 到 113.9 + 4.75，113.9 × 2 − 4.75 到 113.9 × 2 + 4.75，…分别涂上红色．这是甲、乙同在 15° 角内的时间．同法用绿色线标出甲、丙同在 15° 角内的时间，用蓝色线标出乙、丙同在 15° 角内的时间．那么三色线段的重复部分就是甲、乙、丙三人同在 15° 角内的时间．

当然，只是为了方便，才用各色线来标出结果，读者还是应当把它具体地计算出来．

现在我们回到第十节中所提出的问题，但把问题设想得简单一点．假设各行星在同一平面上，以匀角速度绕太阳旋转，它们绕日一周所需时间列于下表：

星　别	水　星	金　星	地　球	火　星	木　星	土　星
绕日周期	88 天	225 天	1 年 =365 天	1 年322 日	11 年315 日	29 年167 日

假设在 1962 年 2 月 5 日，地球、金、木、水、火、土等星球，位于以太阳为中心的圆的同一半径上，问经过多少时间以后它们都在同一个 30° 的圆心角内？

这个问题可以用上面所介绍的方法解决．当然，得到的结果是很粗略的，原因是各行星并非在一个平面上运动，而且它们也不是做匀角速度运动，所以实际情况很复杂．但读者不妨作为练习照上面的方法去计算一下．

十二　有理数逼近实数

以上所讲的一些问题，可以概括并推广如下：

给定实数 $\alpha\ (>0)$，要求找一个有理数 $\dfrac{p}{q}$ 去逼近它，说

得更确切些, 给一自然数 N, 找一个分母不大于 N 的有理数

$\dfrac{p}{q}$, 使误差

$$\left| \alpha - \frac{p}{q} \right|$$

最小.

这是一个重要问题. 由它引导出数论的一个称为丢番图 (Diophantine) 逼近论的分支. 它也可以看成数学上各种各样逼近论的开端.

以上所讲的感性知识告诉我们, 如果 α 是一有理数, 我们把 α 展开成连分数, 而命 $\dfrac{p_n}{q_n}$ 为其第 n 个渐近分数, 那么在

分母不大于 q_n 的一切分数中, 以 $\dfrac{p_n}{q_n}$ 和 α 最为接近. 我们将在

第十五节中证明这一事实. 不但如此, 这个事实对于 α 是无理数的情形也同样正确. 为此, 我们需要介绍把无理数展成连分数的方法.

在第三节中, 我们已用辗转相除法把一有理数 $\dfrac{a}{b}$ 展成连

分数. 现在把那里的 (1), (2), …诸式加以改写, 便得

$$\begin{cases} \dfrac{a}{b} = a_0 + \dfrac{r}{b}\,(0 < r < b), \\[2mm] \dfrac{b}{r} = a_1 + \dfrac{r_1}{r}\,(0 < r_1 < r), \\[2mm] \cdots\cdots\cdots\cdots \\[2mm] \dfrac{r_{n-3}}{r_{n-2}} = a_{n-1} + \dfrac{r_{n-1}}{r_{n-2}}\,(0 < r_{n-1} < r_{n-2}), \\[2mm] \dfrac{r_{n-2}}{r_{n-1}} = a_n. \end{cases}$$

我们看到：a_0，a_1，$\cdots$，a_{n-1}，a_n 实际上也就是用 b 除 a，用 r 除 b，$\cdots\cdots$，用 r_{n-1} 除 r_{n-2} 以及用 r_n 除 r_{n-1} 后所得各个商数的整数部分．如果以记号 $[x]$ 来表示实数 x 的整数部分（即不大于 x 的最大整数，例如 $[2] = 2$，$[\pi] = 3$，$[-1.5] = -2$ 等），那么

$$a_0 = \left[\frac{a}{b}\right],\ a_1 = \left[\frac{b}{r}\right],\ \cdots,\ a_{n-1} = \left[\frac{r_{n-3}}{r_{n-2}}\right],\ a_n = \left[\frac{r_{n-2}}{r_{n-1}}\right],$$

而 $\dfrac{a}{b}$ 就有如下的连分数表示：

$$\frac{a}{b} = a_0 + \frac{1}{a_1 +}\ \frac{1}{a_2 + \cdots +}\ \frac{1}{a_{n-1} +}\ \frac{1}{a_n}.$$

对于无理数 α，我们也可以用这方法将它以连分数表示．首先取 α 的整数部分 $[\alpha]$，用 a_0 记之，然后看 α 和 a_0 的差，$\alpha - a_0 = \dfrac{1}{\alpha_1}$（注意，因为 α 是无理数，α_1 一定大于 1）；再取 α_1 的整数

部分 $[\alpha_1]$，记它为 a_1，而改写 α_1 和 a_1 的差，$\alpha_1 - a_1 = \dfrac{1}{\alpha_2}$（注意，$\alpha_2 > 1$）；再取 α_2 的整数部分为 a_2……．也就是说，命

$$a_0 = [\alpha], \qquad \alpha - a_0 = \frac{1}{\alpha_1},$$

$$a_1 = [\alpha_1], \qquad \alpha_1 - a_1 = \frac{1}{\alpha_2},$$

$$a_2 = [\alpha_2], \qquad \alpha_2 - a_2 = \frac{1}{\alpha_3},$$

$$\cdots\cdots\cdots\cdots \qquad \cdots\cdots\cdots\cdots$$

于是显然有

$$\alpha = a_0 + \frac{1}{\alpha_1} = a_0 + \cfrac{1}{a_1 + \cfrac{1}{\alpha_2}} = \cdots = a_0 + \cfrac{1}{a_1 + \cfrac{1}{a_2 + \cfrac{1}{a_3 + \cdots}}}$$

$$= a_0 + \frac{1}{a_1 +} \frac{1}{a_2 +} \frac{1}{a_3 + \cdots +} \frac{1}{a_n + \cdots}. \quad ①$$

在第五节开头我们就是按照这个方法去求 π 的连分数的．和有理数的情形一样，称

$$a_0 + \frac{1}{a_1 +} \frac{1}{a_2 + \cdots +} \frac{1}{a_n}$$

————————

　　① 有理数 $\dfrac{a}{b}$ 的连分数表示一定是有尽的，而无理数 α 的连分数表示则一定无尽．

　　　　　　　　　　　　　　　数学知识竞赛五讲

为 α 的第 n 个渐近分数. 关于渐近分数的一些基本性质, 将在下节中加以说明.

上面已经说过, 我们将在第十五节中证明: 如果命 $N = q_n$, 则 $\dfrac{p_n}{q_n}$ 的确是使 $\left| \alpha - \dfrac{p}{q} \right|$ $(q \leq N = q_n)$ 为最小的有理数.

但是并非仅有 $\dfrac{p_n}{q_n}$ 有这种性质, 例如, 在第三节中, 我们已经给出例子:

$$\alpha = \frac{543}{236}, \quad N = 7$$

而 $\dfrac{p}{q} = \dfrac{16}{7}$ 在所有分母不大于 7 的分数中最接近于 α, 但 $\dfrac{16}{7}$ 并非 $\dfrac{543}{236}$ 的渐近分数.

十三 渐近分数

设 α 是一正数, 并且假定它已展成连分数

$$\alpha = a_0 + \frac{1}{a_1 +} \frac{1}{a_2 + \cdots}.$$

容易看到, 它的前三个渐近分数是

$$\frac{a_0}{1}, \quad \frac{a_1 a_0 + 1}{a_1}, \quad \frac{a_2(a_1 a_0 + 1) + a_0}{a_2 a_1 + 1}.$$

一般地，有

定理 1 如命

$$p_0 = a_0, \quad p_1 = a_1 a_0 + 1, \quad p_n = a_n p_{n-1} + p_{n-2} (n \geqslant 2),$$

$$q_0 = 1, \quad q_1 = a_1, \quad q_n = a_n q_{n-1} + q_{n-2} (n \geqslant 2),$$

那么 $\dfrac{p_n}{q_n}$ 就是 α 的第 n 个渐近分数．

证 当 $n = 2$ 时，定理已经正确．现在用数学归纳法证明定理．

我们看到，α 的第 $n-1$ 个渐近分数

$$a_0 + \cfrac{1}{a_1 +} \cfrac{1}{a_2 + \cdots +} \cfrac{1}{a_{n-1}}$$

和 α 的第 n 个渐近分数

$$a_0 + \cfrac{1}{a_1 +} \cfrac{1}{a_2 + \cdots +} \cfrac{1}{a_{n-1} +} \cfrac{1}{a_n}$$

的差别仅在于将 a_{n-1} 换成 $a_{n-1} + \dfrac{1}{a_n}$．所以若定理对 $n-1$ 正确，也就是如果 α 的第 $n-1$ 个渐近分数是

$$\frac{p_{n-1}}{q_{n-1}} = \frac{a_{n-1} p_{n-2} + p_{n-3}}{a_{n-1} q_{n-2} + q_{n-3}},$$

那么第 n 个渐近分数应是

数学知识竞赛五讲

$$\frac{\left(a_{n-1} + \dfrac{1}{a_n}\right)p_{n-2} + p_{n-3}}{\left(a_{n-1} + \dfrac{1}{a_n}\right)q_{n-2} + q_{n-3}} = \frac{a_n(a_{n-1}p_{n-2} + p_{n-3}) + p_{n-2}}{a_n(a_{n-1}q_{n-2} + q_{n-3}) + q_{n-2}}$$

$$= \frac{a_n p_{n-1} + p_{n-2}}{a_n q_{n-1} + q_{n-2}} = \frac{p_n}{q_n}.$$

定理得到证明.

有了这个递推公式, 我们就可以根据 α 的连分数立刻写出它的各个渐近分数.

如果命

$$\alpha_n = a_n + \frac{1}{a_{n+1}} \ \frac{1}{a_{n+2} + \cdots},$$

那么显见 $\alpha = a_0 + \dfrac{1}{a_1} \ \dfrac{1}{a_2 + \cdots} \ \dfrac{1}{a_{n-1} +} \ \dfrac{1}{a_n}.$

它和 α 的第 n 个渐近分数的差别仅在于将 a_n 换成 α_n, 于是由定理 1 立刻得到

定理 2

$$\alpha = \alpha_0, \quad \alpha = \frac{\alpha_1 a_0 + 1}{\alpha_1}, \quad \alpha = \frac{\alpha_n p_{n-1} + p_{n-2}}{\alpha_n q_{n-1} + q_{n-2}} \ (n \geqslant 2).$$

定理 3 $p_n q_{n-1} - q_n p_{n-1} = (-1)^{n-1} (n \geqslant 1),$

$$p_n q_{n-2} - q_n p_{n-2} = (-1)^n a_n (n \geqslant 2).$$

证 易见

$$p_1 q_0 - q_1 p_0 = (a_0 a_1 + 1) - a_1 a_0 = 1.$$

由定理 1 可知

$$p_n q_{n-1} - q_n p_{n-1} = (a_n p_{n-1} + p_{n-2}) q_{n-1} - (a_n q_{n-1} + q_{n-2}) p_{n-1}$$

$$= - (p_{n-1} q_{n-2} - q_{n-1} p_{n-2}).$$

故由数学归纳法，立刻得出第一个式子.

仍用定理 1 和第一式，得出

$$p_n q_{n-2} - q_n p_{n-2} = (a_n p_{n-1} + p_{n-2}) q_{n-2} - (a_n q_{n-1} + q_{n-2}) p_{n-2}$$

$$= (-1)^n a_n.$$

从定理 3 的第一式可以看到，p_n 与 q_n 的任何公约数，一定除得尽 $(-1)^{n-1}$，所以得到

系 p_n 和 q_n 互素(即它们的最大公约数是 1).

定理 4 $\alpha - \dfrac{p_n}{q_n} = \dfrac{(-1)^n}{q_n(\alpha_{n+1} q_n + q_{n-1})} = \dfrac{(-1)^n \alpha_{n+2}}{q_n(\alpha_{n+2} q_{n+1} + q_n)}.$

证 由定理 2 及定理 3，

$$\alpha - \frac{p_n}{q_n} = \frac{\alpha_{n+1} p_n + p_{n-1}}{\alpha_{n+1} q_n + q_{n-1}} - \frac{p_n}{q_n} = \frac{(-1)^n}{q_n(\alpha_{n+1} q_n + q_{n-1})}.$$

和 $\quad \alpha - \dfrac{p_n}{q_n} = \dfrac{\alpha_{n+2} p_{n+1} + p_n}{\alpha_{n+2} q_{n+1} + q_n} - \dfrac{p_n}{q_n} = \dfrac{(-1)^n \alpha_{n+2}}{q_n(\alpha_{n+2} q_{n+1} + q_n)}.$

十四　实数作为有理数的极限

在本节中，我们假定 α 是无理数。由上节定理 3 推得

$$\frac{p_n}{q_n} - \frac{p_{n-1}}{q_{n-1}} = \frac{(-1)^{n-1}}{q_n q_{n-1}},$$

$$\frac{p_n}{q_n} - \frac{p_{n-2}}{q_{n-2}} = \frac{(-1)^n a_n}{q_n q_{n-2}}.$$

由此并由定理 4，我们得到

$$\frac{p_0}{q_0} < \frac{p_2}{q_2} < \frac{p_4}{q_4} < \cdots < \frac{p_{2n}}{q_{2n}} < \cdots < \alpha,$$

和

$$\frac{p_1}{q_1} > \frac{p_3}{q_3} > \frac{p_5}{q_5} > \cdots > \frac{p_{2n+1}}{q_{2n+1}} > \cdots > \alpha,$$

而且

$$\left| \frac{p_{2n}}{q_{2n}} - \frac{p_{2n-1}}{q_{2n-1}} \right| = \frac{1}{q_{2n} q_{2n-1}}.$$

当 n 无限增大时，由上节定理 1，$q_n = a_n q_{n-1} + q_{n-2} > q_{n-1}$。因为 $q_1 = 1$，所以 $q_n \geqslant n$，因此 q_n 也无限增大。而 $\frac{p_{2n}}{q_{2n}}$ 是一递增的数列，趋于极限 α；$\frac{p_{2n+1}}{q_{2n+1}}$ 是一递减的数列，趋于极限 α（由上节定理 4 可见当 $n \to \infty$ 时，$\left| \alpha - \frac{p_n}{q_n} \right| \leqslant \frac{1}{q_n^2} \to 0$）。

定理 5 $\dfrac{p_n}{q_n}$ 趋于 α，而 $\dfrac{p_n}{q_n}$ 比 $\dfrac{p_{n-1}}{q_{n-1}}$ 更接近于 α. 也就是

$$\left| \alpha - \frac{p_n}{q_n} \right| < \left| \alpha - \frac{p_{n-1}}{q_{n-1}} \right|.$$

证 由定理 4 已知

$$\alpha - \frac{p_n}{q_n} = \frac{(-1)^n}{q_n(\alpha_{n+1}q_n + q_{n-1})},$$

及

$$\alpha - \frac{p_{n-1}}{q_{n-1}} = \frac{\alpha_{n+1}(-1)^{n-1}}{q_{n-1}(\alpha_{n+1}q_n + q_{n-1})},$$

由于 $\alpha_{n+1} \geqslant 1$ 及 $q_{n-1} < q_n$，所以

$$\frac{1}{q_n(\alpha_{n+1}q_n + q_{n-1})} < \frac{\alpha_{n+1}}{q_{n-1}(\alpha_{n+1}q_n + q_{n-1})},$$

得

$$\left| \alpha - \frac{p_n}{q_n} \right| < \left| \alpha - \frac{p_{n-1}}{q_{n-1}} \right|.$$

这证明也给出了

定理 6 $\dfrac{1}{q_{n-1}(q_n + q_{n-1})} \leqslant \left| \alpha - \dfrac{p_{n-1}}{q_{n-1}} \right| \leqslant \dfrac{1}{q_{n-1}q_n}.$

因此推出

定理 7 有无限多对整数 p、q 使

$$\left| \alpha - \frac{p}{q} \right| < \frac{1}{q^2}.$$

十五　最佳逼近

问题　求出所有的 $\dfrac{P}{Q}$，使它比分母不大于 Q 的一切分数（不等于 $\dfrac{P}{Q}$）都更接近于 α，即要求：

$$\left|\alpha-\frac{P}{Q}\right|<\left|\alpha-\frac{p}{q}\right|\quad\left(q\leqslant Q,\ \frac{p}{q}\neq\frac{P}{Q}\right),\qquad(1)$$

先证一初步结果：

定理8　设 $n\geqslant1$，$q\leqslant q_n$，$\dfrac{p}{q}\neq\dfrac{p_n}{q_n}$，那么渐近分数 $\dfrac{p_n}{q_n}$ 比 $\dfrac{p}{q}$ 更接近于 α.

证　不妨假设 n 是偶数，至于 n 是奇数的情形可以完全同样地证明.

若 $\alpha=\dfrac{p_n}{q_n}$，定理自然成立. 现在假设 $\alpha\neq\dfrac{p_n}{q_n}$，若 $\dfrac{p}{q}$ 比 $\dfrac{p_n}{q_n}$ 更接近于 α，由定理5可知

$$\left|\alpha-\frac{p}{q}\right|<\alpha-\frac{p_n}{q_n}<\frac{p_{n-1}}{q_{n-1}}-\alpha,$$

即
$$\alpha - \frac{p_{n-1}}{q_{n-1}} < \alpha - \frac{p}{q} < \alpha - \frac{p_n}{q_n},$$

也就是

$$\frac{p_n}{q_n} < \frac{p}{q} < \frac{p_{n-1}}{q_{n-1}}. \qquad (2)$$

所以我们只须证明适合上式的分数 $\frac{p}{q}$，必有分母 $q > q_n$。

如果
$$\alpha < \frac{p}{q} < \frac{p_{n-1}}{q_{n-1}},$$

那么
$$\frac{1}{qq_{n-1}} \leqslant \frac{p_{n-1}}{q_{n-1}} - \frac{p}{q} < \frac{p_{n-1}}{q_{n-1}} - \alpha = \frac{1}{q_{n-1}(\alpha_n q_{n-1} + q_{n-2})},$$

因此
$$q > \alpha_n q_{n-1} + q_{n-2} \geqslant a_n q_{n-1} + q_{n-2} = q_n.$$

同样地由
$$\frac{p_n}{q_n} < \frac{p}{q} < \alpha$$

可以得出 $q > q_{n+1} > q_n$。于是定理得到证明。

在定理的证明过程中，我们还推出下述的论断：

系 $\frac{p}{q}$ 在 $\frac{p_n}{q_n}$ 和 α 之间，那就必有 $q > q_{n+1}$。

定理 8 说明渐近分数满足本节开始所提问题中对 $\frac{P}{Q}$ 的要求 (1)，但我们还不知道能满足 (1) 的 $\frac{P}{Q}$ 是否仅限于渐近分数．关于这个问题，我们有下面的定理．

定理 9 （i）在分母不大于 $q_1 = a_1$ 的一切分数中，只有

$$a_0 + \frac{1}{q} \quad \left(\frac{a_1 + 1}{2} \leqslant q \leqslant a_1 \right)$$

满足（1）．

（ii）设 $n \geqslant 2$，在分母大于 q_{n-1}、但不大于 q_n 的一切分数中，只有

$$\frac{l p_{n-1} + p_{n-2}}{l q_{n-1} + q_{n-2}} \quad \left[\frac{1}{2} \left(\alpha_n - \frac{q_{n-2}}{q_{n-1}} \right) < l \leqslant a_n \right]$$

满足（1）．

证 先证（i）．我们有

$$a_0 < \alpha \leqslant a_0 + \frac{1}{a_1} \leqslant a_0 + \frac{1}{q} \quad (q \leqslant a_1),$$

a_0 和 $a_0 + \frac{1}{q_1}$ 至 α 的距离分别等于 $\frac{1}{\alpha_1}$ 和 $\frac{1}{q} - \frac{1}{\alpha_1}$，所以当且仅当 $2q > \alpha_1$，或即 $q \geqslant \frac{a_1 + 1}{2}$ 时，$a_0 + \frac{1}{q}$ 才比 a_0 更接近于 α．又对于任何 q，a_0 和 $a_0 + \frac{1}{q}$ 的距离等于 $\frac{1}{q}$，所以 $a_0 + \frac{1}{q}$ $\left(\frac{a_1 + 1}{2} \leqslant q \leqslant a_1 \right)$ 比分母不大于 q 的其他任何分数都更接近于 α．

（ii）的证明：我们假设 n 是偶数，n 是奇数的情形可以同样证明．

由定理 3、4、5 可知

$$\frac{p_{n-2}}{q_{n-2}} < 2\alpha - \frac{p_{n-1}}{q_{n-1}} < \frac{p_n}{q_n} \leqslant \alpha < \frac{p_{n-1}}{q_{n-1}} \qquad (3)$$

（因为 $2\alpha - \dfrac{p_{n-1}}{q_{n-1}}$ 和 $\dfrac{p_{n-1}}{q_{n-1}}$ 到 α 的距离相等, 而 $\dfrac{p_{n-1}}{q_{n-1}}$ 比 $\dfrac{p_{n-2}}{q_{n-2}}$ 更接

近于 α, $\dfrac{p_n}{q_n}$ 又比 $\dfrac{p_{n-1}}{q_{n-1}}$ 更接近于 α).

设 $\dfrac{P}{Q}$ 满足 (1) 和 $q_{n-1} < Q \leqslant q_n$, 那么必有

$$\left| \frac{P}{Q} - \alpha \right| < \frac{p_{n-1}}{q_{n-1}} - \alpha,$$

即

$$\alpha - \frac{p_{n-1}}{q_{n-1}} < \frac{P}{Q} - \alpha < \frac{p_{n-1}}{q_{n-1}} - \alpha,$$

也就是

$$2\alpha - \frac{p_{n-1}}{q_{n-1}} < \frac{P}{Q} < \frac{p_{n-1}}{q_{n-1}}.$$

其次, 由 $Q \leqslant q_n$ 和定理 8 的系, 不可能有 $\dfrac{p_n}{q_n} < \dfrac{P}{Q} < \alpha$, 也

不可能有 $\alpha \leqslant \dfrac{P}{Q} < \dfrac{p_{n-1}}{q_{n-1}}$, 所以必有

$$2\alpha - \frac{p_{n-1}}{q_{n-1}} < \frac{P}{Q} \leqslant \frac{p_n}{q_n}. \qquad (4)$$

再次, 由定理 3 可得

数学知识竞赛五讲

$$\frac{p_{n-2}}{q_{n-2}} < \cdots < \frac{lp_{n-1}+p_{n-2}}{lq_{n-1}+q_{n-2}} < \frac{(l+1)p_{n-1}-p_{n-2}}{(l+1)q_{n-1}+q_{n-2}} < \cdots$$

$$< \frac{a_n p_{n-1}+p_{n-2}}{a_n q_{n-1}+q_{n-2}} = \frac{p_n}{q_n}. \tag{5}$$

所以必有唯一的 $l_0 (0 \leqslant l_0 < a_n)$ 使

$$\frac{l_0 p_{n-1}+p_{n-2}}{l_0 q_{n-1}+q_{n-2}} \leqslant 2\alpha - \frac{p_{n-1}}{q_{n-1}} < \frac{(l_0+1)p_{n-1}+p_{n-2}}{(l_0+1)q_{n-1}+q_{n-2}}, \tag{6}$$

即　$\alpha - \frac{l_0 p_{n-1}+p_{n-2}}{l_0 q_{n-1}+q_{n-2}} \geqslant \frac{p_{n-1}}{q_{n-1}} - \alpha > \alpha - \frac{(l_0+1)p_{n-1}+p_{n-2}}{(l_0+1)q_{n-1}+q_{n-2}}.$

将 $\alpha = \dfrac{a_n p_{n-1}+p_{n-2}}{a_n q_{n-1}+q_{n-2}}$ 代入上式，并加整理，最后得

$$\frac{1}{2}\left(\alpha_n - \frac{q_{n-2}}{q_{n-1}}\right) - 1 < l_0 \leqslant \frac{1}{2}\left(\alpha_n - \frac{q_{n-2}}{q_{n-1}}\right).$$

由(4)、(5)、(6)必有唯一的 $l(l_0+1 \leqslant l \leqslant a_n)$ 使

$$\frac{(l-1)p_{n-1}+p_{n-2}}{(l-1)q_{n-1}+q_{n-2}} < \frac{P}{Q} \leqslant \frac{lp_{n-1}+p_{n-2}}{lq_{n-1}+q_{n-2}}.$$

倘若等式不成立，即若

$$\frac{(l-1)p_{n-1}+p_{n-2}}{(l-1)q_{n-1}+q_{n-2}} < \frac{P}{Q} < \frac{lp_{n-1}+p_{n-2}}{lq_{n-1}+q_{n-2}},$$

那就有

$$\frac{1}{Q[(l-1)q_{n-1}+q_{n-2}]} \leqslant \frac{P}{Q} - \frac{(l-1)p_{n-1}+p_{n-2}}{(l-1)q_{n-1}+q_{n-2}} < \frac{lp_{n-1}+p_{n-2}}{lq_{n-1}+q_{n-2}}$$

$$-\frac{(l-1)p_{n-1}+p_{n-2}}{(l-1)q_{n-1}+q_{n-2}}=\frac{1}{[(l-1)q_{n-1}+q_{n-1}](lq_{n-1}+q_{n-2})}.$$

即得 $\qquad\qquad Q>lq_{n-1}+q_{n-2}.$

但 $\qquad\qquad \alpha-\dfrac{P}{Q}>\alpha-\dfrac{lp_{n-1}+p_{n-2}}{lq_{n-1}+q_{n-2}}\geqslant0,$

这和要求（1）矛盾．所以必有 $\dfrac{P}{Q}=$

$\dfrac{lp_{n-1}+p_{n-2}}{lq_{n-1}+q_{n-2}}(l_0+1\leqslant l\leqslant a_n).$

反之，这些分数的分母都适合 $q_{n-1}<Q\leqslant q_n$，并且它们满

足(1)．因为假如 $\dfrac{p}{q}$ 和 α 的距离小于或等于 $\dfrac{lp_{n-1}+p_{n-2}}{lq_{n-1}+q_{n-2}}$ 和 α

的距离，那么 $\dfrac{p}{q}$ 或者落在 $\dfrac{p_n}{q_n}$ 和 $\dfrac{p_{n-1}}{q_{n-1}}$ 之间，而由定理 8 的系

得 $q>q_n$；或者落在 $\dfrac{lp_{n-1}+p_{n-2}}{lq_{n-1}+q_{n-2}}$ 和 $\dfrac{p_n}{q_n}$ 之间，而有 $k(l<k\leqslant$

$a_n)$ 使

$$\frac{kp_{n-1}+p_{n-2}}{kq_{n-1}+q_{n-2}}<\frac{p}{q}\leqslant\frac{(k+1)p_{n-1}+p_{n-2}}{(k+1)q_{n-1}+q_{n-2}}.$$

由上面同样地证明，得到 $q\geqslant(k+1)q_{n-1}+q_{n-2}>lq_{n-1}+q_{n-2}.$

所以总有

$$q>lq_{n-1}+q_{n-2},$$

也就是说 $\dfrac{lp_{n-1}+p_{n-2}}{lq_{n-1}+q_{n-2}}(l_0+1\leqslant l\leqslant a_n)$ 满足（1）．定理证完．于是本节开始所提出的问题得到完全的解决．

十六　结束语

我们在这里只挑选了少数容易说明的应用；就问题的性质来说，应用的范围是宽广的．凡是几种周期的重遇或复迭，都可能用到这一套数学；而多种周期的现象，经常出现于声波、光波、电波、水波和空气波的研究之中．又如坝身每隔 a 分钟受某种冲击力，每隔 b 分钟受另一种冲击力，用这套数学可以确定大致每隔多少分钟最大的冲击力出现一次，等等．

本书是为中学生写的．和这有关的许多有趣的、更深入的问题，这里不谈了．要想进一步了解的读者，可以参考拙著《数论导引》第十章．

为了迎接 1962 年的数学竞赛，这本小书写得太匆忙了，没有经过充分的修饰和考虑，更没有预先和中学生们在一起共同研究一下，希望读者、特别是中学教师和高中同学们多多提意见．

1962 年春节完稿于从化温泉

在完稿之后，又改写了几次．中国科技大学高等数学教研室副主任龚升同志曾就原稿提出了不少宝贵意见．中国科学院自然科学史研究室严敦杰同志提供了有价值的历史资料．而在改写过程中，又曾得到吴方、徐诚浩、谢盛刚三位同志的帮助．特别是吴方同志对第十二节到第十五节做了重大修改，徐诚浩同志对有关天文的部分提了很多意见．又，北京天文馆刘麟仲同志提供了今年春节"五星联珠，七曜同宫"现象的图像．对于以上诸同志的帮助，一并在此致谢．

于中国科学技术大学

1962 年 4 月 8 日

附录　祖冲之简介

祖冲之，字文远，生于429年，卒于500年。他的祖籍是范阳郡蓟县，就是现在的河北省涞源县。他是南北朝时代南朝宋齐之间的一位杰出的科学家。他不仅是一位数学家，同时还通晓天文历法、机械制造、音乐，并且是一位文学家。

在机械制造方面，他重造了指南车，改进了水碓磨，创制了一艘"千里船"。在音乐方面，人称他"精通'钟律'，独步一时"。在文学方面，他著有小说《述异记》十卷。

祖家世世代代都对天文历法有研究，他比较容易接触到数学的文献和历法资料，因此他从小对数学和天文学就发生兴趣。用他自己的话来说，他从小就"专攻数术，搜炼古今"。这"搜"、"炼"两个字，刻画出他的治学方法和精神。

"搜"表明他不但阅读了祖辈相传的文献和资料，还主动去寻找从远古到他所生活的时代的各项文献和观测记录，也就是说他尽量吸收了前人的成就。而更重要的还在"炼"字上，他不仅阅读了这些文献和资料，并且做过一些"由表及里，去芜存精"的工作，把自己所搜到的资料经过消化，据为己有，最具体的例子是注解了我国历史上的名著《九章算术》。

他广博地学习和消化了古人的成就和古代的资料，但是他不为古人所局囿，他决不"虚推古人"，这是另一个可贵的特点．例如他接受了刘徽算圆周率的方法，但是他并不满足于刘徽的结果 3.14，他进一步计算，算到圆内接正 1536 边形，得出圆周率 3.1416．但是他还不满足于这一结果，又推算下去，得出

$$3.1415926 < \pi < 3.1415927.$$

这一结果的重要意义在于指出误差范围．大家不要低估这个工作，它的工作量是相当巨大的．至少要对 9 位数字反复进行 130 次以上的各种运算，包括开方在内．即使今天我们用纸笔来算，也绝不是一件轻松的事，何况古代计算还是用算筹(小竹棍)来进行的呢？这需要怎样的细心和毅力啊！他这种严谨不苟的治学态度，不怕复杂计算的毅力，都是值得我们学习的．

他在历法方面测出了地球绕日一周的时间是 365.24281481 日，跟现在知道的数据 365.2422 对照，知道他的数值准到小数第三位．这当然是由于受当时仪器的限制．根据这个数字，他提出了把农历的 19 年 7 闰改为 391 年 144 闰的主张．这一论断虽有它由于测量不准的局限性，但是他的数学方法是正确的(读者可以根据本书的论述来判断这一建

议的精密度：$\frac{10.8750}{29.5306} = 0.36826$ 只能准到四位，$\frac{7}{19} = 0.3684$，

$\frac{144}{391} = 0.36829$，$\frac{116}{315} = 0.36825$）.

他这种勤奋实践、不怕复杂计算和精细测量的精神，正如他所说的"亲量圭尺，躬察仪漏，目尽毫厘，心穷筹算"。由于有这样的精神，他发现了当时历法上的错误，因此着手编制出新的历法，这是当时最好的历法。在 462 年(刘宋大明六年)，他上表给皇帝刘骏，请讨论颁行，定名为"大明历"。

新的历法遭到了戴法兴的反对。戴是当时皇帝的宠幸人物，百官惧怕戴的权势，多所附和。戴法兴认为"古人制章""万世不易"，是"不可革"的，认为天文历法"非凡夫所测"。甚至骂祖冲之是"诬天背经"，说"非冲之浅虑，妄可穿凿"的。祖冲之并没有为这权贵所吓倒，他写了一篇《驳议》，说"愿闻显据，以窍理实"，并表示了"浮词虚贬，窃非所惧"的正确立场。

这场斗争祖冲之并没有得到胜利，一直到他死后，由于他的儿子祖暅的再三坚持，经过了实际天象的检验，在 510 年(梁天监九年)才正式颁行。这已经是祖冲之死后的第十个年头了。

祖冲之的数学专著《缀术》已经失传。《隋书》中写道：

"……祖冲之……所著书，名为缀术，学官莫能究其深奥，是故废而不理."这是我们数学史上的一个重大损失.

祖冲之虽已去世1400多年，但他的广泛吸收古人成就而不为其所拘泥、艰苦劳动、勇于创造和敢于坚持真理的精神，仍旧是我们应当学习的榜样.

（据人民教育出版社1964年版排印）

数学知识竞赛五讲

3. 从孙子的"神奇妙算"谈起

序

神奇妙算古名词，

　师承前人沿用之，

神奇化易是坦道，

　易化神奇不足提．

妙算还从拙中来，

　愚公智叟两分开，

积久方显愚公智，

　发白才知智叟呆．

埋头苦干是第一，

　熟练生出百巧来，

勤能补拙是良训，

　一分辛劳一分才．

华罗庚

1963 年 2 月 11 日于北京铁狮子坟

三人同行七十稀，

五树梅花廿一枝，

七子团圆月正半，

除百零五便得知。

——程大位，算法统宗（1583）

　　　　　　　数学知识竞赛五讲

一 问题的提出

《孙子算经》是我国古代的一部优秀数学著作，确切的出版年月无从考证．其中有"物不知其数"一问，原文如下：

"今有物不知其数，三三数之剩二，五五数之剩三，七七数之剩二，问物几何？"

这个问题的意义可以用以下的数学游戏来表达：

有一把围棋子，三个三个地数，最后余下两个，五个五个地数，最后余下三个，七个七个地数，最后余下二个．问这把棋子有多少个？

这类的问题在我国古代数学史上有不少有趣味的名称．除上面所说的"物不知其数"而外，还有称之为"鬼谷算"的，"秦王暗点兵"的．还有"剪管术"、"隔墙算"、"神奇妙算"、"大衍求一术"，等等．

这个问题的算法是用第114页上的四句诗来概括的．这个问题和它的解法是世界数学史上著名的东西，中外数学史家都称它为"孙子定理"，或"中国余数定理"．这一工作不仅在古代数学史上占有地位，而且这个问题的解法的原则在近代数学史上还占有重要的地位，在电子计算机的设计中也有重要的应用.

这个问题属于数学的一个分支——数论. 但方法的原则却反映在插入理论、代数理论及算子理论(泛函分析)之中. 学好初等数学, 融会贯通, 会对将来学好高等数学提供简单而具体的模型的.

这个问题难不难? 不难! 高小初中的学生都可以学会. 但由此所启发出来的东西却是这本小册子所不能介绍的了.

我准备先讲一个笨办法——"笨"字可能用得不妥当, 但这个方法是朴素原始的方法, 算起来费时间的方法. 其次讲解我国古代原有的巧方法. 然后讲这巧方法所引申出来的一些中学生所看得懂的东西——面目全非, 原则则一. 这样发现同一性, 正是数学训练的重要部分之一. 最后谈谈这个问题所启发出来的一支学问——同余式理论的简单介绍.

二 "笨"算法

原来的问题是: 求一数, 三除余二, 五除余三, 七除余二. 这问题太容易回答了, 因为三除余二, 七除余二, 则二十一除余 2, 而 23 是三、七除余二的最小数, 刚好又是五除余三的数. 所以心算快的人都能算出. 我们还是换一个例子吧!

我们来试图解决：三除余二，五除余三，七除余四的问题．我们先介绍以下的笨算法．

在算盘上先打上（或纸上写上）2，每次加三，加成五除余三的时候暂停下来，再在这个数上每次加15，到得出7除余4的数的时候，就是答数．具体地说：从 2 加 3，再加 3 得 8，即

$$2, 2+3=5, 5+3=8,$$

它是 5 除余 3 的数．然后在 8 上加15，再加15，第三次加15，得53，即

$$8, 8+15=23, 23+15=38, 38+15=53.$$

它是第一个 7 除余 4 的数．53 就是解答．经过验算，正是 53，3 除余 2，5 除余 3，7 除余 4．

这方法的道理是什么？很简单：先从 3 除余 2 的数中去找 5 除余 3 的数．再从"3 除余 2，5 除余 3"的数中去找 7 除余 4 的数，如此而已．这方法虽然抽笨些，但这是一个步步能行的方法，是一个值得推荐的、朴素的方法．

但注意，问题的提法是有问题的．不但 53 有此性质，

$$53+105=158, 158+105=263$$

都有此性质．确切的提法应当是：求出三除余二，五除余三，

七除余四的最小的正整数．

读者试一下：三除适尽，五除余二，七除余四的问题．读者将发现计算较麻烦了！在练几次之后便会发现，在计算的过程中从"大"除数出发可能算得快些：先看7，

$$4，4+7=11，11+7=18，18+7=25，25+7=32．$$

这是第一个五除余二的数．再由

$$32，32+35=67，67+35=102$$

即得所求．

总之：第一法"3，5，7"法，是从问题本身立刻反映出来的方法．再思考一下，每次加得大，则算得快，因此得第二法"7，5，3"法．由于5的余数一目了解，因而用"7，3，5"法也可能省劲些．总之，先不要以为方法笨，有了方法之后，方法是死的，人是活的．运用之妙，存乎其人．

我们再介绍一个麻烦得多的问题．这也是古代的现成问题，见黄宗宪著的《求一术通解》．原文如次：

"今有数不知总；以五累减之无剩，以七百十五累减之剩十，以二百四十七累减之剩一百四十，以三百九十一累减之剩二百四十五，以一百八十七累减之剩一百零九，问总数若干．"

好麻烦的问题．但看两遍问题之后立刻发现，有窍门在！

数学知识竞赛五讲

第一句"以五累减之无剩"是废话，因为哪一个 715 除余 10 的数不是五的倍数。第三句话，因为余数 140 是 5 的倍数，而原数又是五的倍数，因此这句话可以改为"247 × 5 = 1235 累减之剩 140"。同法第四句也可以改为"391 × 5 = 1955 累减之剩 245"。

我们现在从 1955 除余 245，1235 除余 140 出发。

245，245 + 1955 = 2200，4155，6110，8065，10020，

245，   965，450，1170，655，   140.

下一行是上一行的数除以 1235 所得的余数，依次试除，发现 10020 就是黄宗宪所要求的答案了。

看来烦得可怕，算来不过尔尔。多动动手，多动动脑子，便会熟能生巧。

在杨辉著的《续古摘奇算法》(1275)上还有以下的例子：

"二数余一，五数余二，七数余三，九数余四，问本数。"

首句与末句合起来是"18 除余 13"，再由

13，13 + 18 = 31，31 + 18 = 49，49 + 18 = 67，

67 是五除余 2 的数，再由

67，67 + 5 × 18 = 67 + 90 = 157，

157 就是解答了。

在杨辉的书上还有以下二问：

七数剩一，八数剩二，九数剩三，问本数．

十一数余三，十二数余二，十三数余一，问本数．

读者请暂勿动手，细看一下！看看能不能不用复杂计算（或就用心算）给出这两个问题的解答来．

更考虑以下的问题：有 n 个正整数 a_1，$\cdots$，a_n．求最小的正整数之被 a_1 除余 $a_1 - p$，被 a_2 除余 $a_2 - p$，$\cdots$，被 a_n 除余 $a_n - p$ 者．

求最小的正整数，被 a_1 除余 $l - a_1$，被 a_2 除余 $l - a_2$，$\cdots$，被 a_n 除余 $l - a_n$ 者．

这两个题形式上吓唬人，但实质上与杨辉原来的问题并无太大的差异．

三　口诀及其意义

"三人同行七十稀，五树梅花廿一枝，

七子团圆正半月，除百零五便得知．"

这几句口诀见程大位著的《算法统宗》．它的意义是：

用 3 除所得的余数乘 70，5 除所得的余数乘 21，7 除所得的余数乘 15，然后总加起来．如果它大于 105，则减 105，还大再减，……最后得出来的正整数就是答数了．

以《孙子算经》上的例子来说明．它的形式是

$$2 \times 70 + 3 \times 21 + 2 \times 15 = 233.$$

两次减去 105，得 23．这就是答数了！

（读者试算一下第二节开始的另一个例子．）

为什么 70，21，15 有此妙用？这 70，21，15 是怎样求出来的？

先看 70，21，15 的性质：70 是这样一个数，3 除余 1，5 与 7 都除得尽的数．所以 70a 是一个 3 除余 a 而 5 与 7 除都除得尽的数．21 是 5 除余 1，3 与 7 除尽的数，所以 21b 是 5 除余 b 而 3 与 7 除得尽的数．同样，15c 是 7 除余 c 而 3 与 5 除得尽的数．总起来

$$70a + 21b + 15c$$

是一个 3 除余 a，5 除余 b，7 除余 c 的数，也就是可能的解答之一，但可能不是最小的．这数加减 105 都仍然有同样性质．所以可以多次减去 105 而得出解答来．

在程大位的口诀里，前三句的意义是点出 3、5、7 与 70、21、15 的关系，后一句说明为了寻求最小正整数解还需减 105，或再减 105 等．

（读者自证，这一方法顶多只需要减两个 105，而不会要减三个 105．）

这个方法好是好，但人家是怎样找出这 70、21、15 来的．当然可以凑，在算盘上先打上 35，它不是 3 除余 1．再加上 35 得 70，它是 3 除余 1 了．其他仿此．

但这是 3、5、7，凑来容易！一般如何？例如 4、6、9，我们不难发现，并没有 4 除余 1，6 除、9 除余 0 的数存在．欲知求出 70、21、15 的一般方法，且看下文．

四 辗转相除法

我们所要求的数是：3 除余 1，35($=5 \times 7$)除余 0 的数．也就是要找 x，使 $35x$ 是 3 除余 1 的数，也就是它等于 $3y + 1$．直截地说，就是要找 x、y，使

$$35x - 3y = 1.$$

这个方程怎样解？阅读过我写的《从祖冲之的圆周率谈起》①一书的读者，一定知道解法：把 $\dfrac{35}{3}$ 展开为连分数 $11 + \dfrac{2}{3}$

$= 11 + \dfrac{1}{1 + \dfrac{1}{2}}$，而渐近连分数是 $11 + \dfrac{1}{1} = \dfrac{12}{1} = \dfrac{u}{v}$，由此得出

$$35v - 3u = -1$$

———————————

① 见本书第 66 页．

来．因此 $35(3-v)-3(35-u)=1$，因而 $x=3-v=2$，$y=35-u=23$ 就是解答（即 $35 \times 2-3 \times 23=1$）．因而 $35x=70$ 就是所求的数了．

也许有些读者没有看过我那本小册子．好在问题不比那本书上更复杂，我们还是从辗转相除法谈起．辗转相除法是用来求最大公约数的．我们用代数的形式来表达（实质上，算术形式也是可以完全讲得清楚的）．

给出两个正整数 a 和 b，用 b 除 a 得商 a_0，余数 r，写成式子

$$a=a_0b+r, \quad 0 \leqslant r < b. \tag{1}$$

这是最基本的式子，辗转相除法的灵魂．如果 $r=0$，那么 b 可以除尽 a，而 a、b 的最大公约数就是 b．

如果 $r \neq 0$，再用 r 除 b，得商 a_1，余数 r_1，即

$$b=a_1r+r_1, \quad 0 \leqslant r_1 < r. \tag{2}$$

如果 $r_1=0$，那么 r 除尽 b，由（1）也除尽 a，所以 r 是 a、b 的公约数．反之，任何一个除尽 a、b 的数，由（1），也除尽 r，因此 r 是 a、b 的最大公约数．

如果 $r_1 \neq 0$，则用 r_1 除 r 得商 a_2，余数 r_2，即

$$r=a_2r_1+r_2, \quad 0 \leqslant r_2 < r_1. \tag{3}$$

如果 $r_2=0$，那么由（2）可知 r_1 是 b、r 的公约数，由（1），r_1 也

是 a、b 的公约数. 反之, 如果一数除得尽 a、b, 那么由 (1),
它一定也除得尽 b、r, 由 (2), 它一定除得尽 r、r_1, 所以 r_1 是
a、b 的最大公约数.

如果 $r_2 \neq 0$, 再用 r_2 除 r_1, 如法进行. 由于 $b > r > r_1 > r_2 > \cdots$
逐步小下来, 而又都是正整数, 因此经过有限步骤后一定可
以找到 a、b 的最大公约数 d (它可能是 1). 这就是有名的**辗
转相除法**, 在外国称为欧几里得算法. 这个方法不但给出了
求最大公约数的方法, 而且帮助我们找出 x、y, 使

$$ax + by = d. \qquad (4)$$

在说明一般道理之前, 先看下面的例子.

从求 42897 与 18644 的最大公约数出发:

$$42897 = 2 \times 18644 + 5609, \qquad (\text{i})$$

$$18644 = 3 \times 5609 + 1817, \qquad (\text{ii})$$

$$5609 = 3 \times 1817 + 158, \qquad (\text{iii})$$

$$1817 = 11 \times 158 + 79, \qquad (\text{iv})$$

$$158 = 2 \times 79.$$

这样求出最大公约数是 79. 我们现在来寻求 x、y, 使

$$42897x + 18644y = 79.$$

由 (iv) 可知 $\qquad 1817 - 11 \times 158 = 79.$

把 (iii) 式的 158 表达式代入此式, 得

$$79 = 1817 - 11 \times (5609 - 3 \times 1817)$$

$$= 34 \times 1817 - 11 \times 5609.$$

再以(ii)式的1817表达式代入，得

$$79 = 34 \times (18644 - 3 \times 5609) - 11 \times 5609$$

$$= 34 \times 18644 - 113 \times 5609.$$

再以(i)式的5609表达式代入，得

$$79 = 34 \times 18644 - 113 \times (42897 - 2 \times 18644)$$

$$= 260 \times 18644 - 113 \times 42897.$$

也就是 $x = -113$，$y = 260$。

这虽然是特例，也说明了一般的理论。一般的理论是：把辗转相除法写成为

$$a = a_0 b + r,$$

$$b = a_1 r + r_1,$$

$$r = a_2 r_1 + r_2,$$

$$r_1 = a_3 r_2 + r_3,$$

$$\cdots\cdots\cdots\cdots$$

$$r_{n-1} = a_{n+1} r_n + r_{n+1},$$

$$r_n = a_{n+2} r_{n+1}.$$

这样得出最大公约数 $d = r_{n+1}$。由倒数第二式，r_{n+1} 可以表为

r_{n-1}、r_n的一次式，再倒回一个可以表为r_{n-2}、r_{n-1}的一次式，……，最后表为 a、b 的一次式.

我们试用这个方法把"3、5、7"算改为"3、7、11"算.

先求 3 除余 1，77 除尽的数. 3 除 77 余 2，因此 154 就是. 不必算.

再求 7 除余 1，33 除尽的数. 用辗转相除法

$$33 - 4 \times 7 = 5,\ 7 - 5 = 2,\ 5 - 2 \times 2 = 1.$$

因此

$$1 = 5 - 2 \times 2 = 5 - 2(7 - 5) = 3 \times 5 - 2 \times 7$$

$$= 3(33 - 4 \times 7) - 2 \times 7 = 3 \times 33 - 14 \times 7.$$

即对应的数是 99.

最后求 11 除余 1，21 除尽的数. 11 除 21 得商 2 余 -1. 因此 $11 \times 21 - 21 = 210$ 就是所求的数. 因此得出"3、7、11"算的结论如下：

三对幺五四，七对九十九，

十一、二百十，减数二三幺.

五　一些说明

我们再发挥一下杨辉的例子.

"二除余 a，五除余 b，七除余 c，九除余 d，求本数."

二对应的系数是 $5 \times 7 \times 9 = 315$，

五对应的系数是 $2 \times 7 \times 9 = 126$，

七对应的系数求法如下：$2 \times 5 \times 9 = 90$，七除余 -1，因此 $90 \times 6 = 540$ 就是 2、5、9 除尽，7 除余一的数了.

九对应的系数求法如下：对 70 与 9 用辗转相除法（变着！）. $70 - 9 \times 8 = -2$，$9 - 4 \times 2 = 1$，因此

$$1 = 9 - 4 \times 2 = 9 + 4 \times (70 - 9 \times 8) = 4 \times 70 - 31 \times 9,$$

即 $4 \times 70 = 280$ 是对应的系数.

因此问题的解答是：

$$315a + 126b + 540c + 280d$$

减去 $2 \times 5 \times 7 \times 9 = 630$ 的倍数.

再举一个例子.

"四除余 a，六除余 b，九除余 c，求本数."

上法不能进行，因为没有 6，9 除尽而 4 除余一的数！同时这类的问题也真可能没有解，例如：a 是偶数，b 是奇数. 又如，b 是三的倍数，而 c 不是！这样的问题如何解？当然开始介绍的"笨"办法还是可行. 但无解时就苦了！这样问题必先注意这些除数的公因子问题. 首先，a、b 必须同时为奇或为偶，其次，b、c 必须对三有相同的余数. 否则无解.

如果这些条件适合了，我们就可以考虑求解问题．对本问题来说，由第一个条件决定了 b 的奇偶性，由第三个条件决定了 b 被 3 除所得的余数，因而确定了 b 被 6 除的余数．因而第二个条件是多余的．也就是：除非原问题无解答．要有一定是"四除余 a，九除余 c"的数了．（答数是 $9a - 8c$ 加减 36 的倍数）

因此，解问题的时候：先看诸除数，有无公因子，对于公因子，必须要同余．

为了考虑得更细致些，我们引入以下的反问题：如果一数被 a、b 除之余 c，则可由之知道它被 a 除余几，b 除余几．例如：6 除余 4 的数一定是 2 除适尽，3 除余 1．反之，2 除适尽，3 除余 1 的数也是 6 除余 4 的数：这样便可拆开来再合并起来看了．

例如：求 6 除余 4，10 除余 8，9 除余 4 的数．

拆开来，第一句话是"2 除适尽，3 除余 1"，第二句话是"2 除适尽，5 除余 3"，第三句话是"3 除余 1，9 除余 4"（拆法有些不同，必须注意）．综合起来就是：

"2 除适尽，5 除余 3，9 除余 4．"（答数 58）如果经分析后有矛盾出现，就无解．

六　插入法

以上所介绍的神奇妙算中的(70、21、15)法，给我们提供出一个数学上很有用的原则和方法．在抽象地刻画这个原则和方法之前，还是先讲些应用，甚至于读者看穿了这点之后，可以不必再讲原则，而自己也会体会到的．

问题：要找出一个函数在 a、b、c 三点取数值 α、β、γ.

孙子方法给我们提供解决这问题的途径：先做一个函数 $p(x)$ 在 a 点等于 1，在 b、c 点都等于 0；再做 $q(x)$ 在 b 点等于 1，在 c、a 点都等于 0；然后做 $r(x)$ 在 c 点等于 1，而在 a、b 点都等于 0．这样

$$\alpha p(x) + \beta q(x) + \gamma r(x)$$

就适合要求了！

最简单的 $p(x)$ 定法如下：它既然在 b、c 处为 0，则

$$p(x) = \lambda(x-b)(x-c).$$

又由 $p(a)=1$，可得

$$p(x) = \frac{(x-b)(x-c)}{(a-b)(a-c)}.$$

同法得出

$$q(x) = \frac{(x-c)(x-a)}{(b-c)(b-a)}, \quad r(x) = \frac{(x-a)(x-b)}{(c-a)(c-b)}.$$

因此

$$\alpha\frac{(x-b)(x-c)}{(a-b)(a-c)} + \beta\frac{(x-c)(x-a)}{(b-c)(b-a)} + \gamma\frac{(x-a)(x-b)}{(c-a)(c-b)} \quad \text{(A)}$$

就是问题的一个解答.

(A)是著名的插入法中的 Lagrange 公式. 从孙子的原则来看, 推导是多么简单明了.

数学在应用的时候, 一般仅仅有有限个数据, 我们就用这一类的方法来推演出函数来. 来描述其他各点的大概数据.

一般的插入法公式是:

在 n 个不同点 $a_1, \cdots, a_n$, 函数 $f(x)$ 各取值 $\alpha_1, \cdots, \alpha_n$ 的插入公式是

$$\alpha_1\frac{(x-a_2)\cdots(x-a_n)}{(a_1-a_2)\cdots(a_1-a_n)}$$

$$+ \alpha_2\frac{(x-a_1)(x-a_3)\cdots(x-a_n)}{(a_2-a_1)(a_2-a_3)\cdots(a_2-a_n)} + \cdots$$

$$+ \alpha_n\frac{(x-a_1)\cdots(x-a_{n-1})}{(a_n-a_1)\cdots(a_n-a_{n-1})}.$$

这是不必证明的公式了!

由此看来"插入公式"与"70，21，15"法，面貌虽不同，原则本无隔。

那儿可以差一个 105 的倍数，而这儿可以差一个在 a_1，…，a_n 点都等于 0 的函数。

七 多项式的辗转相除法

整数固然有辗转相除法的现象，多项式也有相似的性质。假定 $a(x)$ 与 $b(x)$ 是两个多项式。用 $b(x)$ 除 $a(x)$ 得商式 $a_0(x)$，得余式 $r(x)$，也就是

$$a(x) = a_0(x)b(x) + r(x),$$

而 $r(x)$ 的次数小于 $b(x)$ 的次数。如果 $r(x) \equiv 0$，则 $a(x)$、$b(x)$ 的最大公因式就是 $b(x)$。

如果 $r(x) \neq 0$，则以 $r(x)$ 除 $b(x)$ 得商式 $a_1(x)$，余式 $r_1(x)$，即

$$b(x) = a_1(x)r(x) + r_1(x),$$

而 $r_1(x)$ 的次数小于 $r(x)$ 的次数。如果 $r_1(x) = 0$，则 $r(x)$ 就是 $a(x)$ 与 $b(x)$ 的最大公因式。

如果 $r_1(x) \neq 0$，则以 $r_1(x)$ 除 $r(x)$ 得

$$r(x) = a_2(x)r_1(x) + r_2(x),$$

$r_2(x)$ 的次数小于 $r_1(x)$ 的次数. 这样一直下去, 得出一系列的多项式

$$r(x), r_1(x), r_2(x), \cdots$$

它们的次数一个比一个小. 当然不能无限下去, 一定有时候会出现

$$r_{n-1}(x) = a_{n+1}(x)r_n(x) + r_{n+1}(x)$$

及 $$r_n(x) = a_{n+2}(x)r_{n+1}(x)$$

的现象. 这样便可以得出: $r_{n+1}(x)$ 是 $a(x)$ 与 $b(x)$ 的最大公因式(证明让读者自己补出). 同样不难证明, 如果 $d(x)$ 是 $a(x)$、$b(x)$ 的最大公因式, 则一定有两个多项式 $p(x)$ 与 $q(x)$, 使

$$a(x)p(x) + b(x)q(x) = d(x).$$

特别有: 如果 $a(x)$ 和 $b(x)$ 无公因式, 则有 $p(x)$ 与 $q(x)$ 使

$$a(x)p(x) + b(x)q(x) = 1.$$

多项式既然有这一性质, 就启发出应当有多项式的"神奇妙算".

例如: 有三个无公因子的多项式 $p(x)$、$q(x)$、$r(x)$, 求出一个多项式 $f(x)$ 使 $p(x)$、$q(x)$、$r(x)$ 除之各余 $a(x)$、$b(x)$、$c(x)$. 并且要 $f(x)$ 的次数最低.

根据孙子原则: 先找出 $q(x)$、$r(x)$ 除尽而 $p(x)$ 除余 1 的

多项式 $A(x)$；再找出 $r(x)$、$p(x)$ 除尽而 $q(x)$ 除余 1 的多项式 $B(x)$；更找出 $p(x)$、$q(x)$ 除尽而 $r(x)$ 除余 1 的多项式 $C(x)$．则

$$A(x)a(x) + B(x)b(x) + C(x)c(x)$$

就是 $p(x)$、$q(x)$、$r(x)$ 除各余 $a(x)$、$b(x)$、$c(x)$ 的多项式．但并非最低次．再以 $p(x)q(x)r(x)$ 除之，所得出的余式就是最低次的适合要求的多项式了．

八　例　子

例：求出 $x+1$ 除余 1，x^2+1 除余 x，x^4+1 除余 x^3 的次数最低的多项式．

先找出 x^2+1、x^4+1 除得尽而 $x+1$ 除余 1 的多项式．一找就找到：$\frac{1}{4}(x^2+1)(x^4+1)$．这就是我们所求的 $A(x)$．

再找出 $x+1$、x^4+1 除得尽，而 x^2+1 除余 1 的多项式．用辗转相除法，得

$$(x+1)(x^4+1) - (x^3+x^2-x-1)(x^2+1) = 2x+2.$$

$$x^2+1 - \left[\frac{1}{2}(x-1)\right](2x+2) = 2.$$

因此

$$2 = (x^2 + 1) - \left[\frac{1}{2}(x-1)\right](2x+2)$$

$$= (x^2 + 1) - \left[\frac{1}{2}(x-1)\right]\left[(x+1)(x^4+1)\right.$$

$$\left. - (x^3 + x^2 - x - 1) \times (x^2 + 1)\right]$$

$$= \left[\frac{1}{2}(x-1)(x^3 + x^2 - x - 1) + 1\right](x^2 + 1)$$

$$- \frac{1}{2}(x-1) \times (x+1)(x^4+1).$$

以 2 除之，得出 $B(x) = -\frac{1}{4}(x-1)(x+1)(x^4+1)$.

再找出 $x+1$、x^2+1 除得尽，而 x^4+1 除余 1 的多项式.
立刻看出

$$(x-1)\left[(x+1)(x^2+1)\right] - (x^4+1) = -2.$$

即 $$C(x) = -\frac{1}{2}(x-1)(x+1)(x^2+1).$$

因此

$$a(x)A(x) + b(x)B(x) + c(x)C(x)$$

$$= \frac{1}{4}(x^2+1)(x^4+1) - \frac{1}{4}(x-1)(x+1)(x^4+1)x$$

$$- \frac{1}{2}(x^2-1)(x^2+1)x^3$$

$$= \frac{1}{4}(-3x^7 + x^6 + x^5 + x^4 + x^3 + x^2 + x + 1)$$

加上

$$\frac{3}{4}(x+1)(x^2+1)(x^4+1) = \frac{3}{4} \cdot \frac{x^8-1}{x-1}$$

$$= \frac{3}{4}(x^7 + x^6 + x^5 + x^4 + x^3 + x^2 + x + 1),$$

得出答数 $\qquad x^6 + x^5 + x^4 + x^3 + x^2 + x + 1$.

大家别以为关于多项式的"神奇妙算"与插入法有何不同. 学了插入公式, 多学了些东西, 实质上并无什么新鲜处. 如果不信, 请以 $p(x) = x - a$, $q(x) = x - b$, $r(x) = x - c$ 为例, 一刻发现 Lagrange 插入公式就是我们这儿所介绍的东西的最简单的例子.

九 实同貌异

1. 复整数

一个虚实部分都是整数的复数称为复整数. 对复整数来说, 辗转相除法还能成立. 即任给两个复整数 $\alpha = a_1 + a_2 i$ 及 $\beta = b_1 + b_2 i$, 我们可以找出两个复整数

$$\gamma = c_1 + c_2 i \ \ \text{与} \ \ \delta = d_1 + d_2 i$$

使 $\qquad \alpha = \gamma\beta + \delta$, $|\delta| < |\beta|$.

根据这一性质，读者试试看，能不能做出相应的结论来．

2. 多变数内插法

多变数的插入公式，我们做如下的建议．

在平面上给了 n 点

$$(x_1, y_1), (x_2, y_2), \cdots, (x_n, y_n)$$

求一函数 $f(x_1, y_1)$ 在这 n 点各有数值 $\alpha_1, \cdots, \alpha_n$．

根据孙子原理，我们做出

$P_1(x, y)$

$$= \cfrac{\left\{ \begin{matrix} [(x-x_2)^2 + (y-y_2)^2][(x-x_3)^2 + (y-y_3)^2] \\ \cdots [(x-x_n)^2 + (y-y_n)^2] \end{matrix} \right\}}{\left\{ \begin{matrix} [(x_1-x_2)^2 + (y_1-y_2)^2][(x_1-x_3)^2 + (y_1-y_3)^2] \\ \cdots [(x_1-x_n)^2 + (y_1-y_n)^2] \end{matrix} \right\}}.$$

这是一个函数在 $(x_2, y_2), \cdots, (x_n, y_n)$ 诸点为 0，在 (x_1, y_1) 这一点为 1（当然，做法不是唯一的，你可以根据应用上的需要做出这类的函数来．量子力学里的"δ 函数"就是根据这样的想法来的）．同样做出

$$P_2(x, y), \cdots, P_n(x, y).$$

而 $\qquad \alpha_1 P_1(x, y) + \cdots + \alpha_n P_2(x, y)$

就是一个在所给点吻合于客观数据的函数．

在数学的应用中，经常只有有限个数据，怎样从有限个数据来描述客观的函数．或者说怎样去找出函数来与客观数据吻合，又能有大势地代表客观情况．这一门学问就是插入法．必须注意，插入法所得出的函数毕竟并不一定是真正的函数，而是某种近似而已．但也可能提供出可能性，因而理论上加以证明，这就是真正反映客观情况的函数的时候也还是有的．

十 同余式

讲到这儿实际上已经讲了不少同余式的性质了．我们现在可以较系统地介绍同余式理论了．

定义 命 m 为一自然数．如果 $a-b$ 是 m 的倍数，则谓之 a、b 对模 m 同余．用符号

$$a \equiv b \,(\mathrm{mod}\ m)$$

表之．也就是说，用 m 除 a 及 b 有相同的余数．

例如：$21 \equiv -11 \,(\mathrm{mod}\ 8)$．

用同余式符号，孙子问题可以写成为：求 x，使

$$x \equiv 2 \,(\mathrm{mod}\ 3)，$$

$$x \equiv 3 \,(\mathrm{mod}\ 5)，$$

$$x \equiv 2 \,(\mathrm{mod}\ 7)．$$

同余式有以下的一些性质：

(i) $a \equiv a \pmod{m}$（反身性）；

(ii) 如果 $a \equiv b \pmod{m}$，则 $b \equiv a \pmod{m}$（对称性）；

(iii) 如果 $a \equiv b \pmod{m}$，$b \equiv c \pmod{m}$，则 $a \equiv c \pmod{m}$（传递性）.

并且还有

(iv) 如果 $a \equiv b \pmod{m}$，$a_1 \equiv b_1 \pmod{m}$，则 $a + a_1 \equiv b + b_1 \pmod{m}$ 及 $a - a_1 \equiv b - b_1 \pmod{m}$（等式求和差性）.

(v) 如果 $a \equiv b$，$a_1 \equiv b_1 \pmod{m}$ 则

$$a\, a_1 \equiv b\, b_1 \pmod{m}（等式求积性）.$$

但须注意，"等式两边不能同除一数". 例如 $6 \equiv 8 \pmod{2}$，但 $3 \not\equiv 4 \pmod{2}$.

定理 命 m 是 m_1、m_2 的最小公倍数. 同余式

$$x \equiv a_1 \pmod{m_1}, \tag{1}$$

$$x \equiv a_2 \pmod{m_2} \tag{2}$$

有公解的必要且充分条件是 m_1、m_2 的最大公约数除得尽 $a_1 - a_2$. 如果这条件适合，则方程组有一个而且仅有一个小于 m 的非负整数解.

证明 1）命 d 是 m_1、m_2 的最大公约数. 由（1）、（2）立刻得出

$$x \equiv a_1 (\bmod\ d),\ x \equiv a_2 (\bmod\ d).$$

等式相减得出 $0 = a_1 - a_2 (\bmod\ d)$. 因此如果(1)、(2)有公解, 则 d 一定除尽 $a_1 - a_2$.

2) 反之, 如果 d 除尽 $a_1 - a_2$. 由(1)

$$x = a_1 + m_1 y, \tag{3}$$

代入(2), 得

$$a_1 + m_1 y \equiv a_2 (\bmod\ m_2).$$

也就是

$$a_1 - a_2 = m_2 z - m_1 y.$$

即

$$\frac{a_1 - a_2}{d} = \frac{m_2}{d} z - \frac{m_1}{d} y. \tag{4}$$

由于 $\dfrac{m_1}{d}$ 与 $\dfrac{m_2}{d}$ 没有公因子, 因此由辗转相除所推出的结论, 一定有 p, q 使

$$1 = \frac{m_2}{d} p - \frac{m_1}{d} q. \tag{5}$$

如果取 $z = \dfrac{a_1 - a_2}{d} p$, $y = \dfrac{a_1 - a_2}{d} q$, 则(4)式有解, 也就是(1)、(2)是有公解的.

3) 如果(1)、(2)有两个解, 即原来 x 之外, 还有 x', 则

$$x - x' \equiv 0 (\bmod\ m_1),\ x - x' \equiv 0 (\bmod\ m_2)$$

也就是 $x - x'$ 必须为 m_1、m_2 的最小公倍数 m 所除尽. 因而在 0 与 m 之间有一个而且仅有一个 x 适合于 (1)、(2).

同余式有一整套的结果, 和方程式一样, 有"联立的", 有"高次的"等等. 当然不是这本小书所能介绍的了. 详情将来可读拙著《数论导引》.

"3, 5, 7"算的原则可以更一般地讲成: 求 x, 使

$$x \equiv a \,(\bmod\, p),$$
$$x \equiv b \,(\bmod\, q),$$
$$x \equiv c \,(\bmod\, r).$$

解题法则可以讲成如果 p, q, r 两两无公因子, 则先求出 A, 使

$$A \equiv 1 \,(\bmod\, p),$$
$$A \equiv 0 \,(\bmod\, q),$$
$$A \equiv 0 \,(\bmod\, r).$$

再求出 B, 使

$$B \equiv 0 \,(\bmod\, p),$$
$$B \equiv 1 \,(\bmod\, q),$$
$$B \equiv 0 \,(\bmod\, r).$$

更求出 C, 使

$$C \equiv 0 \,(\bmod\, p),$$
$$C \equiv 0 \,(\bmod\, q),$$
$$C \equiv 1 \,(\bmod\, r).$$

而问题的一般解是

　　　　　　　　　　　数学知识竞赛五讲

$$x \equiv aA + bB + cC \pmod{pqr}.$$

十一 一次不定方程

同余式

$$\left.\begin{array}{l} x \equiv 2 \pmod 3 \\ x \equiv 3 \pmod 5 \\ x \equiv 2 \pmod 7 \end{array}\right\} \qquad (1)$$

求解的问题，也可以改写成为联立方程组

$$\left.\begin{array}{l} x = 2 + 3y \\ x = 3 + 5z \\ x = 2 + 7w \end{array}\right\} \qquad (2)$$

求整数解的问题．这个方程组有三个方程，四个未知数．

一般讲来，未知数多于方程组，要求整数解的问题称为不定方程的问题．表面上看来一次不定方程组的问题可能较同余式的问题广泛些．但实质上它们之间是密切相关的．其理由是：如果要求方程组

$$ax + by + cz + dw = e,$$

$$a'x + b'y + c'z + d'w = e',$$

$$a''x + b''y + c''z + d''w = e''$$

的整数解. 用消去法, 得出

$$Ay = Bx + C, \ A'z = B'x + C', \ A''w = B''x + C''.$$

这便等价于同余式

$$Bx + C \equiv 0 \,(\bmod A), \ B'x + C' \equiv 0 \,(\bmod A'),$$

$$B''x + C'' \equiv 0 \,(\bmod A'')$$

了.

关于不定方程, 在我国古代也有丰富的研究. 我们现在举一个例子.

"百钱买百鸡" 是我国古代《张丘建算经》中的名题. 用现代语讲:

一百元钱买一百只鸡, 小鸡一元钱三只, 母鸡三元钱一只, 公鸡五元钱一只, 小鸡、母鸡、公鸡各几只?

这个问题的代数叙述如次:

命 x、y、z 各代表小鸡、母鸡、公鸡只数, 则

$$x + y + z = 100, \tag{1}$$

$$\frac{1}{3}x + 3y + 5z = 100. \tag{2}$$

(2) ×3 - (1), 得出

$$8y + 14z = 200.$$

即

$$4y + 7z = 100. \tag{3}$$

用辗转相除法，得出

$$4 \times 2 + 7 \times (-1) = 1,$$

因此 $y = 200$，$z = -100$ 是方程(3)的一个解。方程(3)可以改写成

$$4y + 7z = 4 \times 200 + 7 \times (-100).$$

即得

$$7(z + 100) = 4(200 - y). \tag{4}$$

由此可见 $200 - y$ 是 7 的倍数，即 $7t$，则

$$y = 200 - 7t, \tag{5}$$

代入(4)式

$$z = 4t - 100. \tag{6}$$

而

$$x = 100 - y - z = 3t.$$

x，y，z 不能是负数，因此

$$t \geqslant 0,\ 200 - 7t \geqslant 0,\ 4t - 100 \geqslant 0,$$

即

$$\frac{200}{7} \geqslant t \geqslant 25.$$

因此，t 只有 25，26，27，28 四个解，也就是

t	x	y	z
25	75	25	0
26	78	18	4
27	81	11	8
28	84	4	12

习题 1　一元钱买 15 张邮票，其中有四分的、八分的、一角的三种，有几种方法？

习题 2①　今有散钱不知其数，作七十七陌穿之，欠五十凑穿，若作七十八陌穿之，不多不少，问钱数若干．［严恭《通原算法》(1372)］

十二　原　则

(3，5，7)算的(70，21，15)法提供了以下的一个原则．

要做出有性质 A、B、C 的一个数学结构，而性质 A、B、C 的变化又能用数据(或某种量)α、β、γ 来刻画，我们可用标准"单因子构件"凑成整个结构的方法：也就是先做出性质

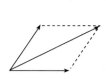

B、C 不发生作用而性质 A 取单位量的构件，再做出性质 C、A 不发生作用而性质 B 取单位量的构件，最后做出性质 A、B 不发生作用而性质 C 取单位量的构件．所要求的结构可由这些构件凑出来．

---

①　这个题目的意思是：有一堆钱，每 77 个穿成一串，则少 50 个，每 78 个穿成一串，则不多不少．这堆钱有多少个？

以上所用的就是这一类型的例子．我现在再举一个．

"力"可以用一个箭头来表示．箭杆的长短表示力的大小，而方向表示用力的方向．

在一点上用上两个"力"所发生的作用等于以下一个"力"的作用：以这两个"力"为边作平行四边形，这平行四边形的对角线所表达的力．这个力称为原来两个力的合力．

为简单计，我们只考虑同一平面上的力．反过来，给了一个力，我们可以找出两个力，一个平行于 x 轴，一个平行于 y 轴，这两力的合力就等于原来所给的力．

要表出平面所有的力来，可以先作一个与 x 轴平行的单位力 f_1，再作一个与 y 轴平行的单位力 f_2．任何力可以表为 f_1 的 α_1 倍与 f_2 的 α_2 倍所代表的力的合力．

其他的例子还很多，读者在学习高等数学的时候会不断发现的．

（据人民教育出版社 1964 年版排印）

4. 数学归纳法

一　写在前面

高中代数教科书里，讲过数学归纳法，也有不少的数学参考书讲到数学归纳法。但是，我为什么还要写这本小册子呢？

首先，当然是由于这个方法的重要。学好了、学透了，对进一步学好高等数学有帮助，甚至对认识数学的性质，也会有所裨益。但更主要的，我总觉得有些看法、有些材料，值得补充。而这些看法和材料，在我学懂数学归纳法的过程中，曾经起过一定的作用。

这里，我先提出其中的一点。

我在中学阶段学习数学归纳法这部分教材的时候，总认为学会了

"1 对；假设 n 对，那么 $n+1$ 也对"

的证明方法就满足了．后来，却愈想愈觉得不满足，总感到还差了些什么．

抽象地谈恐怕谈不清楚，还是举个例子来说明吧．

例如：求证

$$1^3 + 2^3 + 3^3 + \cdots + n^3 = \left[\frac{1}{2}n(n+1)\right]^2. \qquad (1)$$

这个问题当时我会做．证法如下：

证明：当 $n=1$ 的时候，(1)式左右两边都等于1；所以，当 $n=1$ 的时候，(1)式成立．

假设当 $n=k$ 的时候(1)式成立，就是

$$1^3 + 2^3 + 3^3 + \cdots + k^3 = \left[\frac{1}{2}k(k+1)\right]^2. \qquad (2)$$

那么，因为

$$1^3 + 2^3 + 3^3 + \cdots + k^3 + (k+1)^3$$

$$= \left[\frac{1}{2}k(k+1)\right]^2 + (k+1)^3 = \left[\frac{1}{2}(k+1)\right]^2 \left[k^2 + 4(k+1)\right]$$

$$= \left[\frac{1}{2}(k+1)\right]^2 \left[k+2\right]^2 = \left[\frac{1}{2}(k+1)(k+2)\right]^2,$$

所以，当 $n=k+1$ 的时候，(1)式也成立．

因此，对于所有的自然数 n，(1)式都成立．（证毕）

上面的证明步骤是不是完整了呢？当然，是完整了．老师应当不加挑剔地完全认可了．

但是，我后来仔细想想，却感到有些不满足．问题不是由于证明错了，而是对上面这个恒等式(1)是怎样得来的，也就是对前人怎样发现这个恒等式，产生了疑问．难道这是从天上掉下来的吗？当然不是！是有"天才"的人，直观地看出来的吗？也不尽然！

这个问题启发了我：难处不在于**有了公式去证明**，而在于没有公式之前，**怎样去找出公式来**；才知道要点在于言外．而我们以前所学到的，仅仅是其中比较容易的一个方面而已．

我这样说，请不要跟学校里对同学们的要求混同起来，作为中学数学教科书，要求同学们学会数学归纳法的运用，就可以了．而这本书是中学生的数学课外读物，不是教科书，要求也就不同了．

话虽如此，一切我们还是从头讲起．

二　归纳法的本原

先从少数的事例中摸索出规律来，再从理论上来证明这一规律的一般性，这是人们认识客观法则的方法之一．

以识数为例．小孩子识数，先学会数一个、两个、三个；过些时候，能够数到十了；又过些时候，会数到二十、三十、……一百了．但后来，却绝不是这样一段一段地增长，而是飞跃前进．到了某一个时候，他领悟了，他会说："我什么数都会数了"．这一飞跃，竟从有限跃到了无穷！怎样会的？首先，他知道从头数；其次，他知道一个一个按次序地数，而且不愁数了一个以后，下一个不会数．也就是他领悟了下一个数的表达方式，可以由上一个数来决定，于是，他也就会数任何一个数了．

设想一下，如果这个飞跃现象不出现，那么人们一辈子就只能学数数了．而且人生有限，数目无穷，就是学了一辈子，也绝不会学尽呢！

解释这个飞跃现象的原理，就正是数学归纳法．数学归纳法大大地帮助我们认识客观事物，由简到繁，由有限到无穷．

从一个袋子里摸出来的第一个是红玻璃球、第二个是红玻璃球，甚至第三个、第四个、第五个都是红玻璃球的时候，我们立刻会出现一种猜想："是不是这个袋里的东西全部都是红玻璃球？"但是，当我们有一次摸出一个白玻璃球的时候，这个猜想失败了；这时，我们会出现另一个猜想："是不是袋里的东西，全部都是玻璃球?"但是，当有一次摸出来的是一个木球的时候，这个猜想又失败了；那时我们会出现第三个猜想："是不是袋里的东西都是球?"这个猜想对不对，还必须继续加以检验，要把袋里的东西全部摸出来，才能见个分晓．

袋子里的东西是有限的，迟早总可以把它摸完，由此可以得出一个肯定的结论．但是，当东西是无穷的时候，那怎么办?

如果我们有这样的一个保证："当你这一次摸出红玻璃球的时候，下一次摸出的东西，也一定是红玻璃球"，那么，在这样的保证之下，就不必费力去一个一个地摸了．只要第一次摸出来的确实是红玻璃球，就可以不再检查地做出正确的结论："袋里的东西，全部是红玻璃球．"

这就是数学归纳法的引子．我们采用形式上的讲法，也就是：

有一批编了号码的数学命题，我们能够证明第 1 号命题是正确的；如果我们能够证明在第 k 号命题正确的时候，第 $k+1$ 号命题也是正确的，那么，这一批命题就全部正确．

在上一节里举过的例子：

$$1^3 + 2^3 + 3^3 + \cdots + n^3 = \left[\frac{1}{2}n(n+1)\right]^2. \qquad (1)$$

当 $n = 1$ 的时候，这个等式就成为

$$1^3 = \left[\frac{1}{2} \cdot 1 \cdot (1+1)\right]^2.$$

这是第 1 号命题．（这个命题可以通过验证，证实它是成立的．）

当 $n = k$ 的时候，这个等式成为

$$1^3 + 2^3 + 3^3 + \cdots + k^3 = \left[\frac{1}{2}k(k+1)\right]^2, \qquad (2)$$

这是第 k 号命题．（这个命题是假设能够成立的．）

而下一步就是要在第 k 号命题成立的前提下，证明第 $k+1$ 号命题

$$1^3 + 2^3 + 3^3 + \cdots + k^3 + (k+1)^3 = \left[\frac{1}{2}(k+1)(k+2)\right]^2$$

也成立．所以这个证法就是上面所说的这一原则的体现．

再看下面的一个例子．

例 求证：

$$\frac{1}{1 \times 2} + \frac{1}{2 \times 3} + \cdots + \frac{1}{n(n+1)} = \frac{n}{n+1}. \qquad (3)$$

第 1 号命题是：当 $n = 1$ 的时候，上面这个等式成为

$$\frac{1}{1 \times 2} = \frac{1}{1+1}.$$

这显然是成立的.

现在假设第 k 号命题是正确的, 就是假设

$$\frac{1}{1 \times 2} + \frac{1}{2 \times 3} + \cdots + \frac{1}{k(k+1)} = \frac{k}{k+1},$$

那么, 第 $k+1$ 号命题的左边是

$$\frac{1}{1 \times 2} + \frac{1}{2 \times 3} + \cdots + \frac{1}{k(k+1)} + \frac{1}{(k+1)(k+2)}$$

$$= \frac{k}{k+1} + \frac{1}{(k+1)(k+2)}$$

$$= \frac{k(k+2)+1}{(k+1)(k+2)} = \frac{k+1}{k+2},$$

恰好等于第 $k+1$ 号命题的右边. 所以第 $k+1$ 号命题也正确.

由此, 我们就可以做出结论: 对于所有的自然数 n, (3) 式都成立.

附言: 上面的证明中, 假设"第 k 号命题是正确的", 我们有时用"归纳法假设"一语来代替.

三 两条缺一不可

这里, 必须强调一下, 在我们的证法里:

（1）"当 $n=1$ 的时候，这个命题是正确的"；

（2）"假设当 $n=k$ 的时候，这个命题是正确的，那么当 $n=k+1$ 的时候，这个命题也是正确的"，这两条缺一不可．

不要认为，一个命题在 $n=1$ 的时候，正确；在 $n=2$ 的时候，正确；在 $n=3$ 的时候也正确，就正确了．老实说，不要说当 $n=3$ 的时候正确还不算数，就是一直到当 n 是 1000 的时候正确，或者 10000 的时候正确，是不是对任何自然数都正确，还得证明了再说．

不妨举几个例子．

例1 当 $n=1$，2，3，$\cdots$，15 的时候，我们可以验证式子

$$n^2+n+17$$

的值都是素数①．是不是由此就可以做出这样的结论："n 是任何自然数的时候，n^2+n+17 的值都是素数"呢？

这个命题是不正确的．事实上，当 $n=16$ 的时候，

$$n^2+n+17=16^2+16+17=17^2,$$

它就不是素数．

———————

① 素数又称质数，就是除 1 和它本身以外，不能被其他自然数整除的数．

不仅如此，我们还可以举出同样性质的例子：

（1）当 $n = 1$，2，3，…，39 的时候，式子

$$n^2 + n + 41$$

的值都是素数；但是，当 $n = 40$ 的时候，它的值就不是素数．

（2）当 $n = 1$，2，3，…，11000 的时候，式子

$$n^2 + n + 72491$$

的值都是素数，即使如此，我们还不能肯定 n 是任何自然数的时候，这个式子的值总是素数．事实上，只要 $n = 72490$ 的时候，它的值就不是素数．

这也就是说，即使我们试了 11000 次，式子

$$“n^2 + n + 72491”$$

的值都是素数，但我们仍旧不能断定这个命题一般的正确性．

例 2 式子

$$2^{2^n} + 1,$$

当 $n = 0$，1，2，3，4 的时候，它的值分别等于 3，5，17，257，65537，这 5 个数都是素数．根据这些资料，费尔马（Fermat）就猜想：对于任何自然数 n，式子

$$2^{2^n} + 1$$

的值都是素数．但这是一个不幸的猜测．欧拉(Euler)举出，当 $n=5$ 的时候，

$$2^{2^5}+1=641\times6700417.$$

因而费尔马猜错了．

后来，有人还证明当 $n=6$，7，8，9 的时候，$2^{2^n}+1$ 的值也都不是素数．

例3 $x-1=x-1$，

$$x^2-1=(x-1)(x+1),$$

$$x^3-1=(x-1)(x^2+x+1),$$

$$x^4-1=(x-1)(x+1)(x^2+1),$$

$$x^5-1=(x-1)(x^4+x^3+x^2+x+1),$$

$$x^6-1=(x-1)(x+1)(x^2+x+1)(x^2-x+1),$$

$$\cdots\cdots\cdots\cdots\cdots\cdots\cdots\cdots\cdots\cdots\cdots$$

从上面这些恒等式，可以看出什么来？

我们可以看出一点："把 x^n-1 分解为不可再分解并且具有整系数的因式以后，各系数的绝对值都不超过 1 ."

这个命题是不是正确呢？这就是所谓契巴塔廖夫（Н. Г. Чеботарев）问题．后来被依万诺夫（В. Иванов）找出了反例，他发现 $x^{105}-1$ 有下面的因式

$$x^{48}+x^{47}+x^{46}-x^{43}-x^{42}-2x^{41}-x^{40}-x^{39}$$

$$+ x^{36} + x^{35} + x^{34} + x^{33} + x^{32} + x^{31} - x^{28}$$

$$- x^{26} - x^{24} - x^{22} - x^{20} + x^{17} + x^{16} + x^{15}$$

$$+ x^{14} + x^{13} + x^{12} - x^{9} - x^{8} - 2 x^{7} - x^{6}$$

$$- x^{5} + x^{2} + x + 1.$$

其中 x^{41} 和 x^{7} 的系数都是 -2，它的绝对值大于 1。

虽然如此，我们可以证明上面的命题，当 n 是素数的时候，总是对的；当 $n < 105$ 的时候，也总是对的。

例 4 一个平面把空间分为两份；两个平面最多可以把空间分为四份；三个平面最多可以把空间分为八份。从这些资料，我们能不能得出这样的结论：

"n 个平面最多可以把空间分为 2^{n} 份？"

这个命题是不正确的。事实上，四个平面不可能把空间分为 16 份，而最多只能分为 15 份；五个平面也不可能把空间分成 32 份，而最多只能分为 26 份。一般地说，n 个平面最多可以把空间分为 $\frac{1}{6}(n^{3} + 5n + 6)$ 份，而不是 2^{n} 份，并且的确有这样的 n 个平面存在。

怎样证明这一点，读者可以自己思考①。在思考的过程

---

① 本书以后将证明这一结论（见第 204 页）。

中，可以先从比较容易的问题入手，试一试证明下面这个命题：

平面上 n 条直线，最多可以把平面分为 $1+\dfrac{1}{2}n(n+1)$ 份．

上面这几个例子，总的说明了一个问题：对于一个命题，仅仅验证了有限次，即使是千次、万次，还不能肯定这个命题的一般正确性．而命题的一般正确性，必须要看我们能不能证明数学归纳法的第二句话："假设当 $n=k$ 的时候，这个命题是正确的，那么当 $n=k+1$ 的时候，这个命题也是正确的．"

另一方面，也不要以为"当 $n=1$ 的时候，这个命题是正确的"，这句话简单而丢开不管．在证题的时候，如果只证明了"假设当 $n=k$ 的时候，这个命题是正确的，那么当 $n=k+1$ 的时候，这个命题也是正确的"，而不去验证"当 $n=1$ 的时候，这个命题是正确的"，那么这个证明是不对的，至少也得说，这个证明是不完整的．

让我们来看几个由于不确切地阐明数学归纳法里的第一句话"当 $n=1$ 的时候，这个命题是正确的"，而得出非常荒谬的结果的例子．

例 5　所有的正整数都相等．

这个命题显然是荒谬的．但是如果我们丢开"当 $n=1$ 的时候，这个命题是正确的"不管，那么可以用"数学归纳法"来"证明"它.

这里，第 k 号命题是："第 $k-1$ 个正整数等于第 k 个正整数"，就是

$$k-1=k.$$

两边都加上 1，就得

$$k=k+1.$$

这就是说，第 k 个正整数等于第 $k+1$ 个正整数. 这不是说明了所有的正整数都相等了吗？

错误就在于，我们没有考虑 $k=1$ 的情况.

例 6 如果我们不考虑 $n=1$ 的情况，可以证明

$$1^3+2^3+\cdots+n^3=\left[\frac{1}{2}n(n+1)\right]^2+l.$$

这里，l 是任何的数.

事实上，假设第 k 号命题

$$1^3+2^3+\cdots+k^3=\left[\frac{1}{2}k(k+1)\right]^2+l$$

正确，那么像第 151 页里证过的一样，第 $k+1$ 号命题

$$1^3+2^3+\cdots+k^3+(k+1)^3=\left[\frac{1}{2}(k+1)(k+2)\right]^2+l$$

也就正确.

但是，这个结论显然是荒谬的．

讲到这里，让我们再重复说一遍：数学归纳法的证明过程必须包括两个步骤："当 $n=1$ 的时候，这个命题是正确的"；"假设当 $n=k$ 的时候，这个命题是正确的，那么当 $n=k+1$ 的时候，这个命题也是正确的．"两者缺一不可！缺一不可！

也许有人会问：上面的第一句话要不要改作"当 $n=1$，2，3，…的时候，这个命题是正确的"？

这样的要求是多余的，同时也是不正确的．所以多余，在于除了用 $n=1$ 来验证以外，还要用 $n=2$ 和 $n=3$ 来验证，而它的不正确则在于"……"．如果"……"表示试下去都正确，那么试问到底要试到什么地步才算试完呢？

"多余"还可以解释成我是从 $n=1$，$n=2$，$n=3$ 里看出规律来的，或者希望通过练习熟悉这个公式；但在没有证明 n 是所有自然数时都对以前就加上"……"，却要不得，这是犯了逻辑上的错误！

四　数学归纳法的其他形式

数学归纳法有不少"变着"．下面我们先来讲几种"变着"．

(1)不一定从 1 开始. 也就是数学归纳法里的两句话, 可以改成: 如果当 $n = k_0$ 的时候, 这个命题是正确的, 又从假设当 $n = k(k \geqslant k_0)$ 时, 这个命题是正确的, 可以推出当 $n = k + 1$ 时, 这个命题也是正确的, 那么这个命题当 $n \geqslant k_0$ 时都正确.

例 1 求证: n 边形 n 个内角的和等于 $(n-2)\pi$.

这里就要假定 $n \geqslant 3$.

证明 当 $n = 3$ 时, 我们知道三角形三个内角的和是两直角. 所以, 当 $n = 3$ 时, 命题是正确的.

假设当 $n = k(k \geqslant 3)$ 时命题也是正确的. 设 A_1, A_2, $\cdots$, A_{k+1} 是 $k+1$ 边形的顶点. 作线段 $A_1 A_k$, 它把这个 $k+1$ 边形分成两个图形, 一个是 k 边形 $A_1 A_2 \cdots A_k$, 另一个是三角形 $A_k A_{k+1} A_1$. 并且 $k+1$ 边形内角的和等于后面这两个图形的内角和的和. 就是

$$(k-2)\pi + \pi = (k-1)\pi = [(k+1)-2]\pi.$$

也就是说, 当 $n = k+1$ 时这个命题也是正确的. 因此, 定理得证.

例 2 求证: 当 $n \geqslant 5$ 的时候, $2^n > n^2$.

证明 当 $n = 5$ 时,

$$2^5 = 32, \quad 5^2 = 25;$$

所以 $\qquad\qquad\qquad 2^5 > 5^2.$

假设当 $n = k(k \geqslant 5)$ 时这个命题是正确的, 那么由

数学知识竞赛五讲

$$2^{k+1} = 2 \times 2^k > 2 \times k^2$$

$$\geqslant k^2 + 5k > k^2 + 2k + 1 = (k+1)^2,$$

可知这个命题当 $n = k + 1$ 时也是正确的. 因此, 这个命题对于所有大于或等于 5 的自然数 n 都正确.

例3 求证: 当 $n \geqslant -4$ 的时候, $(n+3)(n+4) \geqslant 0$.

证明 当 $n = -4$ 时, 这个不等式成立.

假设当 $n = k(k \geqslant -4)$ 时, 这个不等式成立, 那么由

$$[(k+1)+3][(k+1)+4]$$

$$= (k+4)(k+5) = k^2 + 9k + 20$$

$$= (k+3)(k+4) + 2k + 8 \geqslant (k+3)(k+4),$$

$$(\because 当 k \geqslant -4 时, 2k + 8 \geqslant 0.)$$

即得所证.

(2) 第二句话也可以改为"如果当 n 适合于 $1 \leqslant n \leqslant k$ 时, 命题正确, 那么当 $n = k + 1$ 时, 命题也正确". 由此同样可以证明对于所有的 n 命题都正确.

例4 有两堆棋子, 数目相等. 两人玩耍, 每人可以在一堆里任意取几颗, 但不能同时在两堆里取, 规定取得最后一颗者胜. 求证后取者可以必胜.

证明 设 n 是棋子的颗数. 当 $n = 1$ 时, 先取者只能在一堆里取 1 颗, 这样另一堆里留下的 1 颗就被后取者取得. 所

以结论是正确的.

假设当 $n \leqslant k$ 时命题是正确的. 现在我们来证明, 当 $n = k+1$ 时, 命题也是正确的.

因为在这种情况下, 先取者可以在一堆里取棋子 l 颗($1 \leqslant l \leqslant k+1$), 这样, 剩下的两堆棋子, 一堆有棋子 $(k+1)$ 颗, 另一堆有棋子 $(k+1-l)$ 颗. 这时后取者可以在较多的一堆里取棋子 l 颗, 使两堆棋子都有 $(k+1-l)$ 颗. 这样就变成了 $n = k+1-l$ 的问题. 按照规定, 后取者可以得胜. 由此就证明了对于所有的自然数 n 来说, 后取者都可以得胜.

读者可以自己考虑一下, 如果任给两堆棋子, 能不能数一下棋子的颗数, 就知道谁胜谁负?

(3) 有时, 第二句话需要改成"假设当 $n = k$ 的时候, 这个命题是正确的, 那么当 $n = k+2$ 的时候, 这个命题也是正确的". 这时, 第一句话仅仅验证"当 $n = 1$ 的时候, 这个命题是正确的"就不够了, 而要改成: "当 $n = 1, 2$ 的时候, 这个命题都是正确的."

例 5 求证: 适合于

$$x + 2y = n \quad (x \geqslant 0, \ y \geqslant 0, \ 并且 \ x, y \ 都是整数) \quad (1)$$

的解的组数 $r(n)$①等于

$$\frac{1}{2}(n+1)+\frac{1}{4}[1+(-1)^n].$$

(1)式的解，可以分为两类："$y=0$"的和"$y\geqslant1$"的。前一类解的组数等于 1；后一类解的组数等于

$$x+2(y-1)=n-2,$$

适合于 $x\geqslant0$，$y-1\geqslant0$（x、y 都是整数）的解的组数 $r(n-2)$。所以

$$r(n)=r(n-2)+1.$$

如果仅仅知道当 $n=1$ 时，$r(n)=1$（这时 $x+2y=1$，所以适合条件的解只有一组，就是 $x=1$，$y=0$），就只能推出当 n 是奇数时，$r(n)=\frac{1}{2}(n+1)$，而还不能推出 n 是偶数时的情况。必须再算出，当 $n=2$ 时，

$$x+2y=2$$

有两组解 $x=2$，$y=0$ 和 $x=0$，$y=1$，即 $r(2)=2$，才能推出当 n 是偶数时，$r(n)=\frac{1}{2}(n+2)$。这样归纳法才完整。

---

① 因为适合这个方程的解的组数与 n 有关，所以我们用符号 $r(n)$ 来表示。例如，当 $n=5$ 时，方程有 3 组解，所以 $r(5)=3$。

作为练习，读者可以试一试解下面这个比较更复杂的题目：求适合于

$$2x + 3y = n \quad (x \geqslant 0，y \geqslant 0，\text{并且} x、y \text{都是整数})$$

的解的组数．

(4) 一般的，还可以有以下的"变着"：

当 $n = 1，2，\cdots，l$ 时，这个命题都是正确的，并且证明了"假设当 $n = k$ 时，这个命题正确，那么当 $n = k + l$ 时，这个命题也正确"，于是当 n 是任何自然数时，这个命题都是正确的．

例 6 求证：适合于

$$x + ly = n \quad (x \geqslant 0，y \geqslant 0，\text{并且} x、y \text{都是整数})$$

的解的组数等于 $\left[\dfrac{n}{l} \right] + 1$．这里符号 $\left[\dfrac{n}{l} \right]$ 表示商 $\dfrac{n}{l}$ 的整数部分．

证明留给读者．

数学归纳法的"变着"还有不少，读者以后还会看到"反向归纳法"、"翘翘板归纳法"等等．

五　归纳法能帮助我们深思

大家都知道，数学归纳法有帮助我们"进"的一面．现在

164　　　　　　　　　　　　　　　数学知识竞赛五讲

我想谈谈数学归纳法帮助我们"退"的一面．把一个比较复杂的问题，"退"成最简单最原始的问题，把这个最简单最原始的问题想通了、想透了，然后再用数学归纳法来一个飞跃上升，于是问题也就迎刃而解了．

我们还是举一个具体的例子来谈．

这是一个有趣的数学游戏．但它充分说明了，一个人会不会应用数学归纳法，在思考问题上就会有很大的差异．不会应用数学归纳法的人，要想解决这个问题着实要些"聪明"，但是融会贯通地掌握了数学归纳法的人，解决这个问题就不需要多少"聪明"．

问题是这样的：

有一位老师，想辨别出他的三个得意门生中哪一个更聪明一些，他采用了以下的方法．事先准备好 5 顶帽子，其中 3 顶是白的，2 顶是黑的．在试验时，他先把这些帽子让学生们看了一看，然后要他们闭上眼睛，替每个学生戴上一顶白色的帽子，并且把 2 顶黑帽子藏了起来，最后再让他们张开眼睛，请他们说出自己头上戴的帽子，究竟是哪一种颜色．

三个学生相互看了一看，踌躇了一会儿，然后他们异口同声地说，自己头上戴的是白色的帽子．

他们是怎样推算出来的呢？他们怎样能够从别人头上戴

的帽子的颜色，正确地推断出自己头上戴的帽子的颜色的呢？

建议读者，读到这儿，暂时把书搁下来，自己想一想．能够想出来吗？如果一时想不出，可以多想一些时候．

×　　　　×　　　　×

现在，我把谜底揭晓一下：甲、乙、丙三个学生是怎样想的．

甲这样想①：｜如果我头上戴的是黑帽子，那么乙一定会这样想：[如果我头上戴的是黑帽子，那么丙一定会这样想：（甲乙两人都戴了黑帽子，而黑帽子只有两顶，所以自己头上戴的一定是白帽子．）这样，丙就会脱口而出地说出他自己头上戴的是白帽子．但是他为什么要踌躇？可见自己〈指乙〉头上戴的是白帽子．]如果这样乙也会接下去说出他自己头上戴的是白帽子．但是他为什么也要踌躇呢？可见自己〈指甲〉头上戴的不是黑帽子．｜

经过这样思考，于是三个人都推出了自己头上戴的是白帽子．

读者读到这儿，请再想一下．想通了没有？有些伤脑筋吧！

---

①　为了读者容易看懂，这里加上了一些括号．｜ ｜里的是甲的想法，[ ]里的是甲设想乙应当有的想法，（ ）里的是甲设想乙应当为丙设想的想法．

学过数学归纳法的人会怎样想呢？他会先退一步，（善于"退"，足够地"退"，"退"到最原始而不失去重要性的地方，是学好数学的一个诀窍！）不考虑三个人而仅仅考虑两个人一顶黑帽子的问题。这个问题谁都会解，黑帽子只有一顶，我戴了，他立刻会说："自己戴的是白帽子。"但是，他为什么要踌躇呢？可见我戴的不是黑帽子而是白帽子。

这就是说，"两个人，一顶黑帽子，不管多少（当然要不少于2）顶白帽子"的问题，是一个轻而易举的问题。

现在我们来解上面这个较复杂的："三个人，两顶黑帽子，不管多少（当然要不少于3）顶白帽子"的问题也就容易了。为什么呢？如果我头上戴的是黑帽子，那么对于他们两人来说，就变成"两个人，一顶黑帽子"的问题，这是他们两人应当立刻解决的问题，是不必踌躇的。现在他们在踌躇，就说明了我头上戴的不是黑帽子而是白帽子。

这里可以看到，学会了数学归纳法，就得会运用"归纳技巧"从原来问题里减去一个人、一顶黑帽子，把它转化为一个简单的问题。

倘使我们把原来的问题再搞得复杂一些："四个人，三顶黑帽子，若干（不少于4）顶白帽子"，或者更一般地，"n 个人，$n-1$ 顶黑帽子，若干（不少于 n）顶白帽子"这样复杂的问题，我们也可以用以上的思想来解决了（读者可以想一想，应该怎样去解决）.

读到这儿，读者可能领会到两点：

(1)应用归纳法可以处理多么复杂的问题！懂得它的人，比不懂它的人岂不是"聪明"得多.

(2)归纳法的原则，不但指导我们"进"，而且还教会我们"退"．把问题"退"到最朴素易解的情况，然后再用归纳法飞跃前进．这样比学会了"三人问题"，搞"四人问题"，搞通了"四人问题"再尝试"五人问题"的做法，不是要爽快得多！

当然，我们也不能完全排斥步步前进的做法．当我们看不出归纳线索的时候，先一步一步地前进，也还是必要的.

六 "题"与"解"

数学里，有时候出题容易解题难．凡事问一个为什么，有时候要回答出来的确不容易．但也有时候，出题困难解题易．题目本身就包括了解题的方法，难不难在解，而难在怎样想出这个题目来．最显著的是用归纳法来证明一些代数恒等式．这时，难不难在应用归纳法来证明，而难在怎样想出这些恒等式来．本书开始时所举的例子，就是：人家怎样

想出

$$1^3 + 2^3 + \cdots + n^3 = \left[\frac{1}{2} n(n+1)\right]^2 = (1 + 2 + 3 + \cdots + n)^2$$

来的?

一般地说: 求证一个形如

$$a_1 + \cdots + a_n = S_n \qquad\qquad (1)$$

的恒等式, 本身就建议我们求证 "$a_{n+1} + S_n = S_{n+1}$" 或者 "$S_{n+1} - S_n = a_{n+1}$". 而一般讲来由 "a" 求 "S" 较难, 由 "S" 求 "a" 较易. 并且如果证明了

$$S_{n+1} - S_n = a_{n+1},$$

我们还可以把级数(1)写成

$$a_1 + a_2 + \cdots + a_n$$

$$= S_1 + (S_2 - S_1) + (S_3 - S_2) + \cdots + (S_n - S_{n+1}) = S_n.$$

交叉消去即得所求. (注意: 上面这个等式的成立也要用归纳法加以证明才合乎严格要求.)

下面我们举些例子:

例1 求证:

$$4 \cdot 7 \cdot 10 + 7 \cdot 10 \cdot 13 + 10 \cdot 13 \cdot 16 + \cdots$$

$$+ (3n + 1)(3n + 4)(3n + 7)$$

$$= \frac{1}{12} [(3n + 1)(3n + 4)(3n + 7)(3n + 10)$$

$$-1 \cdot 4 \cdot 7 \cdot 10]. \quad (n \geqslant 1)$$

看了这个公式, 就可以知道: 一定会有 $a_n = S_n - S_{n-1}$, 也就是

$$\frac{1}{12} [(3n+1)(3n+4)(3n+7)(3n+10)$$

$$-(3n-2)(3n+1)(3n+4)(3n+7)]$$

$$= (3n+1)(3n+4)(3n+7).$$

一算真对. 我们就可以用交叉消去法(或者归纳法)来证明这个公式了.

例2 求证:

$$\frac{1}{3 \cdot 7 \cdot 11} + \frac{1}{7 \cdot 11 \cdot 15} + \frac{1}{11 \cdot 15 \cdot 19} + \cdots$$

$$+ \frac{1}{(4n-1)(4n+3)(4n+7)}$$

$$= \frac{1}{8} \left[\frac{1}{3 \cdot 7} - \frac{1}{(4n+3)(4n+7)} \right]. \quad (n \geqslant 1)$$

这个恒等式可以由

$$\frac{1}{8} \left[\frac{1}{(4n-1)(4n+3)} - \frac{1}{(4n+3)(4n+7)} \right]$$

$$= \frac{1}{(4n-1)(4n+3)(4n+7)}$$

推出.

例3 求证:

数学知识竞赛五讲

$$\sin x + \sin 2x + \cdots + \sin nx$$

$$= \frac{\sin \frac{1}{2}(n+1)x \sin \frac{1}{2}nx}{\sin \frac{1}{2}x} \quad (n \geq 1).$$

从这个恒等式可以得到启发:

$$\frac{\left[\sin \frac{1}{2}(n+1)x \sin \frac{1}{2}nx - \sin \frac{1}{2}nx \sin \frac{1}{2}(n-1)x\right]}{\sin \frac{1}{2}x}$$

$$= \frac{\sin \frac{1}{2}nx\left[\sin \frac{1}{2}(n+1)x - \sin \frac{1}{2}(n-1)x\right]}{\sin \frac{1}{2}x}$$

$$= 2\sin \frac{1}{2}nx\cos \frac{1}{2}nx = \sin nx.$$

反过来,可以用这个等式来证明原来的恒等式.

用同样的方法,我们可以处理以下的题目:

例4 求证:

$$\frac{1}{2} + \cos x + \cos 2x + \cdots + \cos nx$$

$$= \frac{\sin\left(n + \frac{1}{2}\right)x}{2\sin \frac{1}{2}x} \quad (n \geq 0).$$

例 5 求证：

$$\frac{1}{2}\tan\frac{x}{2} + \frac{1}{2^2}\tan\frac{x}{2^2} + \cdots + \frac{1}{2^n}\tan\frac{x}{2^n}$$

$$= \frac{1}{2^n}\cot\frac{x}{2^n} - \cot x. \quad (n \geqslant 1)$$

（这里，x 不等于 π 的整数倍）

例 6 求证：

$$\cos\alpha\cos2\alpha\cos4\alpha\cdots\cos 2^n\alpha = \frac{\sin 2^{n+1}\alpha}{2^{n+1}\sin\alpha}. \quad (n \geqslant 0)$$

这些例题的真正困难不是在于既得公式之后去寻求它们的证明，而是在于这批恒等式是怎样获得的.

我国古代堆垛术所得出的一些公式，也都属于这一类.

例 7 求证：当 $n \geqslant 1$ 的时候，

$$1 + (1+9) + (1+9+25) + \cdots$$

$$+ [1^2 + 3^2 + 5^2 + \cdots + (2n-1)^2]$$

$$= \frac{1}{3}\Big[n^2(n+1)^2 - \frac{1}{2}n(n+1)\Big][1].$$

以下五题采自元朱世杰《算学启蒙》(1299)，《四元玉鉴》(1303).

---

[1] 陈世仁(1676—1722).

例8 $a + 2(a+b) + 3(a+2b) + \cdots + n[a+(n-1)b]$

$$= \frac{1}{6}n(n+1)[2bn+(3a-2b)]. \ (n \geqslant 1)$$

例9 $[a+(n-1)b] + 2[a+(n-2)b] + \cdots$

$$+ (n-1)(a+b) + na$$

$$= \frac{1}{6}n(n+1)[bn+(3a-b)]. \ (n \geqslant 1)$$

作为练习，读者可以试由例8直接推出例9来；试用两两相加、两两相减找出例8、例9的恒等式来.

例10 $a + 3(a+b) + 6(a+2b) + \cdots$

$$+ \frac{n}{2}(n+1)[a+(n-1)b]$$

$$= \frac{1}{24}n(n+1)(n+2)[3bn+(4a-3b)]. \ (n \geqslant 1)$$

例11 $[a+(n-1)b] + 3[a+(n-2)b] + \cdots$

$$+ \frac{1}{2}n(n-1)(a+b) + \frac{1}{2}n(n+1)a$$

$$= \frac{1}{24}n(n+1)(n+2)[bn+(4a-b)]. \ (n \geqslant 1)$$

例12 在级数

$$1 + 3 + 7 + 12 + 19 + 27 + 37 + 48 + 61 + \cdots$$

里，如果a_n是它的第n项，那么

$$a_{2l} = 3l^2, \quad a_{2l-1} = 3l(l-1) + 1.$$

这里 l 是大于或者等于 1 的整数. 求证：

$$S_{2l-1} = \frac{1}{2}l(4l^2 - 3l + 1);$$

$$S_{2l} = \frac{1}{2}l(4l^2 + 3l + 1).$$

最后一题启发我们想到归纳法的另一"变着"："翘翘板归纳法"——有两个命题 A_n、B_n，如果" A_1 是正确的"，"假设 A_k 是正确的，那么 B_k 也是正确的"，"假设 B_k 是正确的，那么 A_{k+1} 也是正确的"，那么，对于任何自然数 n，命题 A_n、B_n 都是正确的.

这里命题 A_n 是" $S_{2n-1} = \frac{1}{2}n(4n^2 - 3n + 1)$ "，而命题 B_n 是

" $S_{2n} = \frac{1}{2}n(4n^2 + 3n + 1)$ ".

显而易见，A_1 是正确的，即 $S_1 = 1$.

假设 $S_{2k-1} = \frac{1}{2}k(4k^2 - 3k + 1)$，那么

$$S_{2k} = \frac{1}{2}k(4k^2 - 3k + 1) + 3k^2 = \frac{1}{2}k(4k^2 + 3k + 1).$$

这就是说，假设 A_k 是正确的，那么 B_k 也是正确的.

又假设 $S_{2k} = \frac{1}{2}k(4k^2 + 3k + 1)$，那么

$$S_{2k+1} = \frac{1}{2}k(4k^2 + 3k + 1) + 3k(k+1) + 1$$

$$= \frac{1}{2}(k+1)[4(k+1)^2 - 3(k+1) + 1].$$

这也就是说，假设B_k是正确的，那么A_{k+1}也是正确的．

因此，A_n、B_n对于任何自然数 n，都是正确的．

这个题目是朱世杰研究圆锥垛积得出来的．但照上面这样写下来，就显得有些造作了．

不仅出现过"翘翘板归纳法"，而且还出现过若干结论螺旋式上升的证明方法．例如：有 5 个命题 A_n、B_n、C_n、D_n、E_n．现在知道 A_1 是正确的，又 $A_k \to B_k$[①]，$B_k \to C_k$，$C_k \to D_k$，$D_k \to E_k$，并且 $E_k \to A_{k+1}$，这样，这五个命题就都是正确的．

七　递归函数

上节里我们的主要依据是

$$a_1 + a_2 + \cdots + a_n = S_n \tag{1}$$

和 $$S_n - S_{n-1} = a_n \tag{2}$$

的关系．这启发了我们，如果知道了（2），就可以做出一个

---

① 我们用 $A_k \to B_k$ 表示"假设 A_k 是正确的，那么 B_k 也是正确的"．

（1）来．例如，我们知道了公式：

$$\arctan \frac{1}{n} - \arctan \frac{1}{n+1} = \arctan \frac{1}{n^2+n+1},$$

由此就可以做出一个恒等式：

$$\arctan \frac{1}{3} + \arctan \frac{1}{7} + \arctan \frac{1}{13} + \cdots + \arctan \frac{1}{n^2+n+1}$$

$$= \frac{\pi}{4} - \arctan \frac{1}{n+1}.$$

关系式（2）本身就可以看成是用数学归纳法来定义 S_n．就是：

已知 $S_1 = a_1$，假设已知 S_{k-1}，那么由 $S_k = S_{k-1} + a_k$ 就定义了 S_k．

这是所谓递归函数的一个例证．

一般来说，递归函数是一个在正整数集上定义了的函数 $f(n)$．首先，$f(1)$ 有定义；其次，如果知道了 $f(1)$，$f(2)$，$\cdots$，$f(k)$，那么 $f(k+1)$ 也就完全知道了．这实在不是什么新东西，而只是数学归纳法的重申．

例如，由 $\begin{cases} f(k+1) = f(k) + k, \\ f(1) = 1 \end{cases}$

定义了一个递归函数．通过计算，可以知道 $f(1) = 1$，$f(2) = 2$，$f(3) = 4$，$f(4) = 7$，$\cdots$，从而可以得出这个递归函数就是

数学知识竞赛五讲

$$f(k) = \frac{1}{2}k(k-1) + 1.$$

这个等式一下就变为一个需要"证明"的问题. 而由数学归纳法可以知道: 对于所有正整数 n, 有

$$f(n) = \frac{1}{2}n(n-1) + 1.$$

本节开始时的例子, 就是求解:

$$\begin{cases} f(k) - f(k+1) = \arctan \dfrac{1}{k^2 + k + 1}, \\ f(1) = \dfrac{\pi}{4}. \end{cases}$$

跟数学归纳法一样, 递归函数也可以有各种形式的"变着". 例如, 由关系式

$$f(k+1) = 3f(k) - 2f(k-1)$$

所定义的 $f(k)$, 就必须由两个已知值, 例如 $f(0) = 1$, $f(1) = 3$ 开始.

现在我们来证明这样的开始值:

$$f(n) = 2^n + 1.$$

证明 当 $n = 0, 1$ 的时候, 这个结论显然正确.

假设已知 $f(k) = 2^k + 1$, $f(k-1) = 2^{k-1} + 1$, 那么

$$f(k+1) = 3(2^k + 1) - 2(2^{k-1} + 1) = 2^{k+1} + 1.$$

由此命题得证.

上面的这个解答 $f(n) = 2^n + 1$ 又是怎样想出来的呢? 可能是从 $f(0) = 2$, $f(1) = 3$, $f(2) = 5$ 等归纳出来的, 但是从

$$f(k+1) - f(k) = 2[f(k) - f(k-1)]$$

来看, 却会更容易一些.

我们设 $\qquad g(k) = f(k+1) - f(k)$.

那么由 $\qquad\qquad g(1) = 2$,

$$g(k+1) = 2g(k),$$

可见 $\qquad\qquad g(k) = 2^k$.

再由 $\qquad f(k) - f(k-1) = 2^{k-1}$,

得出 $\qquad f(n) - f(0) = \sum_{k=1}^{n} [f(k) - f(k-1)]$①

$$= \sum_{k=1}^{n} 2^{k-1} = 1 + 2 + 2^2 + \cdots + 2^{n-1} = 2^n - 1.$$

从而可得 $\qquad f(n) = 2^n + 1$.

---

① "Σ" 是和的符号, 读作 "Sigma".

$\sum_{k=1}^{n} [f(k) - f(k-1)]$ 就是表示下面的和:

$$[f(1) - f(0)] + [f(2) - f(1)] + [f(3) - f(2)]$$
$$+ \cdots + [f(n) - f(n-1)].$$

也就是顺次用 $1, 2, 3, \cdots, n$ 代替 $[f(k) - f(k-1)]$ 里的 k, 再把这 n 个差 $[f(1) - f(0)]$, $[f(2) - f(1)]$, $\cdots$, $[f(n) - f(n-1)]$ 加起来.

下文里我们经常要使用这个符号, 读者必须熟悉它.

八 排列和组合

数学归纳法最简单的应用之一，是用来研究排列和组合的公式.

读者在中学代数课程中，已经知道："从 n 个不同的元素里，每次取 r 个，按照一定的顺序摆成一排，叫作从 n 个元素里每次取出 r 个元素的排列."排列的种数，叫作排列数. 从 n 个不同元素里每次取 r 个元素所有不同的排列数，可以用符号 A_n^r 来表示. 对于 A_n^r 有下面的公式：

定理 1

$$A_n^r = n(n-1)(n-2)\cdots(n-r+1). \qquad (1)$$

当时，这个公式并没有做严格的证明，现在我们利用数学归纳法来证明它.

证明 首先，$A_n^1 = n$.

这是显然的. 如果再能证明

$$A_n^r = n A_{n-1}^{r-1},$$

那么，这个定理就可以应用数学归纳法来证明[1].

我们假定 n 个元素是 a_1, a_2, $\cdots$, a_n, 在每次取出 r 个元素的 A_n^r 种排列法里，以 a_1 为首的共有 A_{n-1}^{r-1} 种，以 a_2 为首的同样也有 A_{n-1}^{r-1} 种，由此即得

$$A_n^r = n A_{n-1}^{r-1}.$$

于是定理得证.

定理 1 的特例是 n 个元素全取的排列数，它是

$$A_n^n = n(n-1)(n-2)\cdots\cdot 3 \cdot 2 \cdot 1.$$

我们用符号 $n!$ 表示这个乘积，就是

$$n! = 1 \cdot 2 \cdot 3 \cdots\cdot (n-1)n.$$

这样，定理 1 就可以写成

$$A_n^r = \frac{n!}{(n-r)!}.$$

现在我们来研究更一般的情况：

n 个元素里，有若干个是同类的，其中有 p 个 a, q 个 b, $\cdots$. 求每次全取这些元素所做成的排列种数. 答案是：

---

[1] 因为当 $n = 1$ 的时候，这个定理显然是正确的；假设当 $n = k-1$ 的时候，这个定理是正确的，那么

$A_k^r = k A_{k-1}^{r-1} = k [(k-1)(k-2)\cdots(k-r+1)]$. （这里，$1 < r < k$）

所以，当 $n = k$ 的时候，这个定理也是正确的.

$$N = \frac{n!}{p!\ q!\ \cdots}.$$

这个结论可以这样来证明：

如果在 p 个 a 上标上号数 a_1，a_2，$\cdots$，a_p，作为不同的元素，q 个 b 上标上号数 b_1，b_2，$\cdots$，b_q，也作为不同的元素，$\cdots\cdots$。这样问题就变成了 n 个不同元素全取的排列，得出的排列数是

$$P_n = n!.$$

把 a_1，a_2，$\cdots$，a_p 这 p 个元素任意排列的排列数是 $p!$。但是实际上这 p 个元素是相同的元素，是分辨不出的，所以擦去了标号之后，原来的 $p!$ 个排列只变成了 1 个排列。因此擦去 a 的编号以后，排列的种数是

$$\frac{n!}{p!}.$$

同样的，再擦去 b 的标号以后，排列的种数就是

$$\frac{n!}{p!\ q!}$$

等等.

注 我们用一个具体例子来说明。例如，求 $aaab$ 全取排列的种数.

编号以后的排列种数是

$$P_4 = 4! = 24.$$

$a_1a_2a_3b$	$a_1a_2ba_3$	$a_1ba_2a_3$	$ba_1a_2a_3$
$a_1a_3a_2b$	$a_1a_3ba_2$	$a_1ba_3a_2$	$ba_1a_3a_2$
$a_2a_1a_3b$	$a_2a_1ba_3$	$a_2ba_1a_3$	$ba_2a_1a_3$
$a_2a_3a_1b$	$a_2a_3ba_1$	$a_2ba_3a_1$	$ba_2a_3a_1$
$a_3a_1a_2b$	$a_3a_1ba_2$	$a_3ba_1a_2$	$ba_3a_1a_2$
$a_3a_2a_1b$	$a_3a_2ba_1$	$a_3ba_2a_1$	$ba_3a_2a_1$

擦去编号以后,每一直行里的 6(3!) 种,变成了 1 种,所以排列种数就成为 4 种: $aaab$, $aaba$, $abaa$, $baaa$.

由此可见

$$N = \frac{4!}{3!} = \frac{24}{6} = 4.$$

读者在中学代数课程中,还曾知道:从 n 个不同元素里,每次取出 r 个,不管怎样的顺序并成一组,叫作从 n 个元素里每次取出 r 个元素的组合. 组合的种数,叫作组合数,从 n 个不同元素里每次取出 r 个元素所有不同的组合数,可以用符号 C_n^r 来表示. 对于 C_n^r 有下列的公式:

定理 2

$$C_n^r = \frac{n!}{r!\,(n-r)!}. \tag{2}$$

这个定理也可以用数学归纳法来证明.

证明 首先, $C_n^1 = n$.

这是显然的．如果再能证明当 $1 < r < n$ 的时候，

$$C_n^r = C_{n-1}^r + C_{n-1}^{r-1}, \qquad (3)$$

那么，这个定理就可以应用数学归纳法来证明①．

我们假定有 n 个不同的元素 a_1，a_2，$\cdots$，a_n，在每次取出 r 个元素的组合里，可以分为两类：一类含有 a_1，一类不含有 a_1．含有 a_1 的组合数，就等于从 a_2，a_3，$\cdots$，a_n 里取 $r-1$ 个元素的组合数，它等于 C_{n-1}^{r-1}；不含有 a_1 的组合数，就等于 a_2，a_3，$\cdots$，a_n 里取 r 个的组合数，它等于 C_{n-1}^r．所以

$$C_n^r = C_{n-1}^r + C_{n-1}^{r-1}②．$$

于是定理得证．

读者在中学代数课程中学过的二项式定理

$$(x+a)^n = x^n + C_n^1 a x^{n-1} + C_n^2 a^2 x^{n-2} + \cdots + C_n^k a^k x^{n-k} + \cdots + C_n^n a^n$$
$$= \sum_{j=0}^{n} C_n^j a^j x^{n-j}$$

----

① 因为当 $n=1$ 的时候，这个定理是正确的；假设当 $n=k-1$ 的时候，这个定理是正确的，那么

$$C_k^r = C_{k-1}^r + C_{k-1}^{r-1} = \frac{(k-1)!}{r!\,(k-1-r)!} + \frac{(k-1)!}{(r-1)!\,(k-r)!}$$
$$= \frac{k!}{r!\,(k-r)!}．\quad （\text{这里 } 1 < r < k）$$

所以当 $n=k$ 的时候，这个定理也是正确的．

② 公式 $C_n^r = C_{n-1}^r + C_{n-1}^{r-1}$ 是一个十分重要的公式，详见拙著《从杨辉三角谈起》(见本书第 1 页)．

就是利用组合的知识来证明的.

九 代数恒等式方面的例题

有不少代数恒等式,它的严格证明,需要用到数学归纳法.这里先讲几个读者所熟悉的例子.

例 1 等差数列的第 n 项,可以用公式

$$a_n = a_1 + (n-1)d \qquad (1)$$

表示.这里,a_1 是它的首项,d 是公差.

证明 当 $n=1$ 的时候,$a_1 = a_1$,(1)式是成立的.

假设当 $n=k$ 的时候,(1)式是成立的,那么,因为

$$a_{k+1} = a_k + d = a_1 + (k-1)d + d$$
$$= a_1 + [(k+1)-1]d,$$

所以当 $n=k+1$ 的时候,(1)式也是成立的.由此可知,对于所有的 n,(1)式都是成立的.

例 2 等差数列前 n 项的和,可以用公式

$$S_n = n a_1 + \frac{1}{2}n(n-1)d \qquad (2)$$

表示.这里,a_1 是它的首项,d 是公差.

这个公式也可以用数学归纳法来证明.

证明 当 $n=1$ 的时候，$S_1 = a_1$，（2）式是成立的．

假设当 $n=k$ 的时候，（2）式是成立的，那么

$$S_{k+1} = S_k + a_{k+1}$$

$$= \left[k a_1 + \frac{1}{2}k(k-1)d \right] + \{a_1 + [(k+1)-1]d\}$$

$$= (k+1) a_1 + \frac{1}{2}(k+1)[(k+1)-1]d.$$

所以当 $n=k+1$ 的时候，（2）式也是成立的．由此可知，对于所有的 n，（2）式都是成立的．

注 例 1 里的公式（1）可以直观地得出，但是例 2 里的公式（2）又怎样得出的呢？所以从要找出这个公式的角度来考虑，还是像中学代数课本里那样用"颠倒相加"的方法好．而数学归纳法的作用只是在找出了这样的公式以后，给以严格的证明．

例 3 等比数列的第 n 项可以用公式

$$a_n = a_1 q^{n-1} \tag{3}$$

表示；前 n 项的和可以用公式

$$S_n = \frac{a_1(q^n - 1)}{q-1} \tag{4}$$

表示．这里，a_1 是它的首项，q 是公比．

这两个公式也都可以用数学归纳法来证明（证明留给读者）．像例 2 一样，公式（4）的导出，当然也还是像中学代数

课本里那样用习惯使用的方法来得好，就是把

$$S_n = a_1 + a_1q + a_1q^2 + \cdots a_1q^{n-1},$$

$$q\,S_n = a_1q + a_1q^2 + a_1q^3 + \cdots a_1q^n$$

两式相减，再把所得差的两边同除以 $q-1$.

再谈高阶等差级数. 在拙著《从杨辉三角谈起》一书里提出的不少恒等式，它们都可以用数学归纳法证明的. 其中最主要的是：

$(1)\,1 + 1 + 1 + \cdots + 1 = n;$

$(2)\,1 + 2 + 3 + \cdots + n = \dfrac{1}{2}n(n+1);$

$(3)\,1 + 3 + 6 + \cdots + \dfrac{1}{2}n(n+1) = \dfrac{1}{6}n(n+1)(n+2);$

$(4)\,1 + 4 + 10 + \cdots + \dfrac{1}{6}n(n+1)(n+2)$

$\qquad = \dfrac{1}{24}n(n+1)(n+2)(n+3);$

　　　…………

这些公式，读者不妨用数学归纳法一一加以验证.

这些公式是怎样得来的呢？事实上，它们都可以从上节里的公式(3)

$$C_n^r = C_{n-1}^r + C_{n-1}^{r-1}$$

推出. 例如, 取 $r = 2$, 就得

$$\frac{1}{2}n(n+1) - \frac{1}{2}(n-1)n = n;$$

取 $r = 3$, 就得

$$\frac{1}{6}n(n+1)(n+2) - \frac{1}{6}(n-1)n(n+1) = \frac{1}{2}n(n+1);$$

等等. 这样, 应用第七节里所讲的方法, 就可以从这些公式导出上面的恒等式.

有了这些公式, 把 n^2 写成 $2\left[\frac{1}{2}n(n+1)\right] - n$, 把 n^3 写成

$6\left[\frac{1}{6}n(n+1)(n+2)\right] - 6\left[\frac{1}{2}n(n+1)\right] + n$, 就可以算出

$$1^2 + 2^2 + 3^2 \cdots + n^2 = \frac{1}{6}n(n+1)(2n+1);$$

$$1^3 + 2^3 + 3^3 \cdots + n^3 = \left[\frac{1}{2}n(n+1)\right]^2.$$

作为练习, 请读者先算出这些公式, 然后用数学归纳法加以证明.

十　差　分

我们把 $f(x) - f(x-1)$ 叫作**函数 $f(x)$ 的差分**. 记作

$$\Delta f(x) = f(x) - f(x-1). \tag{1}$$

例如，$f(n) = C_n^r$，它的差分就是

$$\Delta f(n) = f(n) - f(n-1) = C_n^r - C_{n-1}^r$$

$$= C_{n-1}^{r-1}. \quad [\text{应用第八节里的公式}(3).]$$

前面我们所讲的求和问题

$$a_1 + a_2 + \cdots + a_n = S_n, \quad [\ = f(n)\ ]$$

可以看作给了差分 $a_n = g(n)$，求原函数 $f(n)$，使

$$f(n) - f(n-1) = g(n) \tag{2}$$

的问题．方程(2)叫作**差分方程**．

用数学归纳法的眼光来看，(2)式不过说出了归纳法的第二句话："如果知道了 $f(n-1)$，那么可以定出 $f(n)$ [$f(n) = f(n-1) + g(n)$] 来．"所以只有(2)式还不能完全定义 $f(n)$，还必须添上一句："$f(0)$ 如何．"加上了这句话，归纳法的程序完成了，因而对于所有的自然数 n，函数 $f(n)$ 都定义了．

函数 $f(x)$ 的差分 $\Delta f(x) = f(x) - f(x-1)$，还是 x 的函数．我们可以再求它的差分，这就引出了二阶差分的概念．就是

$$\Delta [\Delta f(x)] = \Delta [f(x) - f(x-1)].$$

我们用 $\Delta^2 f(x)$ 来表示．

一般的，如果对函数 $f(x)$ 的 $r-1$ 阶差分再求差分，就得到了 $f(x)$ 的 r 阶差分．就是

$$\Delta^r f(x) = \Delta\left[\Delta^{r-1} f(x)\right]. \tag{3}$$

现在我们用数学归纳法来证明下面的恒等式：

$$\Delta^n f(x) = \sum_{j=0}^{n} (-1)^j C_n^j f(x-j)^{①}. \tag{4}$$

证明 当 $n = 1$ 的时候，(4) 式就表示

$$\Delta f(x) = f(x) - f(x-1),$$

命题显然正确.

假设当 $n = k$ 的时候，(4) 式是成立的，那么当 $n = k+1$ 的时候，

$$
\begin{aligned}
\Delta^{k+1} f(x) &= \Delta\left[\Delta^k f(x)\right] \\
&= \Delta\left[\sum_{j=0}^{k} (-1)^j C_k^j f(x-j)\right] \\
&= \sum_{j=0}^{k} (-1)^j C_k^j \Delta f(x-j) \\
&= \sum_{j=0}^{k} (-1)^j C_k^j \left[f(x-j) - f(x-j-1)\right] \\
&= \sum_{j=0}^{k} (-1)^j C_k^j f(x-j)
\end{aligned}
$$

---

① $\sum_{j=0}^{n} (-1)^j C_n^j f(x-j)$

$= f(x) - C_n^1 f(x-1) + C_n^2 f(x-2) - \cdots + (-1)^n C_n^n f(x-n).$

$$- \sum_{j=0}^{k} (-1)^j C_k^j f(x-j-1) \text{①}$$

$$= \left[f(x) + \sum_{j=1}^{k} (-1)^j C_k^j f(x-j) \right]$$

$$+ \left[\sum_{j=1}^{k} (-1)^j C_k^{j-1} f(x-j) \right.$$

$$\left. + (-1)^{k+1} f(x-k-1) \right]$$

$$= f(x) + (-1)^{k+1} f(x-k-1)$$

$$+ \sum_{j=1}^{k} (-1)^j (C_k^j + C_k^{j-1}) f(x-j)$$

$$= f(x) + (-1)^{k+1} f(x-k-1)$$

---

① $\sum_{j=0}^{k} (-1)^j C_k^j f(x-j) = C_k^0 f(x) - C_k^1 f(x-1) + C_k^2 f(x-2)$

$\qquad - \cdots + (-1)^k C_k^k f(x-k)$

$\qquad = f(x) + \sum_{j=1}^{k} (-1)^j C_k^j f(x-j);$

$\quad - \sum_{j=0}^{k} (-1)^j C_k^j f(x-j-1)$

$\qquad = \sum_{j=0}^{k} (-1)^{j+1} C_k^j f(x-j-1)$

$\qquad = - C_k^0 f(x-1) + C_k^1 f(x-2) - \cdots$

$\qquad + (-1)^k C_k^{k-1} f(x-k) + (-1)^{k+1} C_k^k f(x-k-1)$

$\qquad = \sum_{j=1}^{k} (-1)^j C_k^{j-1} f(x-j) + (-1)^{k+1} f(x-k-1).$

$$+ \sum_{j=1}^{k} (-1)^j C_{k+1}^j f(x-j) ①$$

$$= \sum_{j=0}^{k+1} (-1)^j C_{k+1}^j f(x-j).$$

于是定理得证.

如果 $f(x)$ 是 x 的多项式，那么经过一次差分，多项式的次数就降低 1 次，因此对于任何一个次数低于 k 次的多项式，经过 k 次差分，一定等于 0. 也就是说，如果 $f(x)$ 是次数低于 k 次的多项式，那么

$$\sum_{j=0}^{k} (-1)^j C_k^j f(x-j) = 0. \tag{5}$$

特别的，当 $x=k$ 的时候，取 $k-j=l$，那么

$$\sum_{j=0}^{k} (-1)^{k-l} C_k^l f(l) = 0. \tag{6}$$

一阶差分方程

$$f(x) - f(x-1) = g(x)$$

的解是 $f(n) - f(0) = \sum_{k=1}^{n} [f(k) - f(k-1)] = \sum_{k=1}^{n} g(k).$

---

① $f(x) + (-1)^{k+1} f(x-k-1) + \sum_{j=1}^{k} (-1)^j C_{k+1}^j f(x-j)$

$= f(x) + (-1) C_{k+1}^1 f(x-1) + (-1)^2 C_{k+1}^2 f(x-2) + \cdots$

$\quad + (-1)^k C_{k+1}^k f(x-k) + (-1)^{k+1} f(x-\overline{k+1})$

$= \sum_{j=0}^{k+1} (-1)^j C_{k+1}^j f(x-j).$

更一般的一阶差分方程

$$af(x) - bf(x-1) = g(x),$$

不妨假定 $a = 1$，于是

$$f(n) = g(n) + bf(n-1)$$

$$= g(n) + b[g(n-1) + bf(n-2)]$$

$$= g(n) + bg(n-1) + b^2 f(n-2)$$

$$\cdots\cdots\cdots\cdots$$

$$= g(n) + bg(n-1) + b^2 g(n-2) + \cdots$$

$$+ b^{n-1} g(1) + b^n f(0).$$

（可以用数学归纳法来证明）

二阶差分方程

$$f(x) + \alpha f(x-1) + \beta f(x-2) = g(x), \tag{7}$$

可以变成两次一阶差分方程来解. 因为

$$[f(x) + \lambda f(x-1)] + \mu[f(x-1) + \lambda f(x-2)]$$

$$= f(x) + (\lambda + \mu)f(x-1) + \lambda\mu f(x-2),$$

从 $\lambda + \mu = \alpha$，$\lambda\mu = \beta$ 里解出 λ 和 μ 来. 再设

$$h(x) = f(x) + \lambda f(x-1),$$

那么方程(7)就变成先求

$$h(x) + \mu h(x-1) = g(x),$$

再求 $\qquad f(x) + \lambda f(x-1) = h(x)$

的解了.

例 求差分方程

$$f(x) - 3f(x-1) + 2f(x-2) = 1,$$

$$f(0) = 0, \quad f(1) = 1$$

的解.

解 设 $h(x) = f(x) - f(x-1)$,得

$$h(x) - 2h(x-1) = 1, \quad h(1) = 1.$$

解得

$$h(n) = 2^n - 1.$$

再从

$$f(x) - f(x-1) = 2^x - 1, \quad f(0) = 0,$$

解得

$$f(n) = 2^{n+1} - n - 2.$$

十一 李善兰恒等式

这里,我附带地介绍两个有趣的恒等式.

清末数学家李善兰(1810~1882)曾提出了恒等式

$$\sum_{j=0}^{k} (C_k^j)^2 C_{n+2k-j}^{2k} = (C_{n+k}^k)^2. \tag{1}$$

这个恒等式流传于海外. 我们现在借讲过差分性质之便,来证明这个恒等式.

因为

$$C_{n+k}^k = \frac{(n+k)(n+k-1)\cdots(n+1)}{k!},$$

所以李善兰恒等式(1)是下面这个更一般的恒等式

$$\sum_{j=0}^{k} (C_k^j)^2 \frac{(x+2k-j)(x+2k-j-1)\cdots(x-j+1)}{(2k)!}$$

$$= \left[\frac{(x+k)(x+k-1)\cdots(x+1)}{k!} \right]^2, \qquad (2)$$

在 $x = n$ 时的特殊情形.

现在我们来证明恒等式(2)的成立.

(2)式的左右两边都是 x 的 $2k$ 次多项式,并且右边的多项式有二重根 $x = -l(1 \leq l \leq k)$,如果我们能够证明:

(i)左右两边 x^{2k} 的系数相等,就是

$$\sum_{j=0}^{k} (C_k^j)^2 = \frac{(2k)!}{k!k!}; \qquad (3)$$

(ii)左边也有 $x = -l(1 \leq l \leq k)$ 是它的重根,那么问题就解决了.

先证明(i).根据二项式定理,得

$$(1+x)^k = \sum_{j=0}^{k} C_k^j x^j.$$

因此,$(1+x)^k \cdot (1+x)^k$ 里 x^k 的系数等于

$$\sum_{j+l=k} C_k^j C_k^l = \sum_{j=0}^{k} C_k^j C_k^{k-j} = \sum_{j=0}^{k} (C_k^j)^2.$$

另一方面,从

$$(1+x)^k \cdot (1+x)^k = (1+x)^{2k}$$

的展开式里, 可知 x^k 的系数是

$$C_{2k}^k = \frac{(2k)!}{k!\ k!}.$$

所以(3)式成立.

现在再来证(ii). (2)式里左边每一项里都含有因式 $x + l$, 所以它有根 $x = -l$ 是显然的. 问题只在于证明它有二重根 $x = -l$.

因为(2)式左边各项都有因式 $x + l$, 所以

$$\frac{1}{x+l} \sum_{j=0}^{k} (C_k^j)^2 \frac{(x+2k-j)(x+2k-j-1)\cdots(x-j+1)}{(2k)!}$$

$$= \sum_{j=0}^{k} (C_k^j)^2 \frac{(x+2k-j)(x+2k-j-1)\cdots(x+l+1)(x+l-1)\cdots(x-j+1)}{(2k)!}.$$

我们证明, 当 $x = -l$ 时, 这个式子的值是 0.

事实上, 当 $x = -l$ 时, 上式的值等于

$$\sum_{j=0}^{k} (C_k^j)^2 \frac{\left[(2k-j-l)(2k-j-l-1)\cdots 1\right]\left[(-1)\cdots(-l-j+1)\right]}{(2k)!}$$

$$= \sum_{j=0}^{k} C_k^j \frac{k!}{(k-j)!j!} \cdot \frac{(2k-j-l)!(l+j-1)!}{(2k)!}(-1)^{l+j-1}$$

$$= (-1)^{l-1} \frac{k!}{2k!} \sum_{j=0}^{k} (-1)^j C_k^j \frac{(2k-j-l)!(l+j-1)!}{(k-j)!j!}$$

$$= (-1)^{l-1} \frac{k!}{2k!} \sum_{j=0}^{k} (-1)^j C_k^j (2k-j-l)! \cdots$$

$$(k-j+1)(l+j-1)\cdots(j+1). \tag{4}$$

这里 $\quad (2k-j-l)\cdots(k-j+1)(l+j-1)\cdots(j+1)$

是多项式

$$f(x) = (2k-x-l)\cdots(k-x+1)(l+x-1)\cdots(x+1)$$

当 $x = j$ 时的值. 而 $f(x)$ 是 x 的

$$(k-l)+(l-1)=k-1$$

次多项式. 因此根据上节里的公式 (5)(第 191 页), 可知 (4)
式等于 0.

由此, 我们就证明了 (2) 式确是一个恒等式.

施惠同把李善兰恒等式进一步推广为:

设 $l \geq k \geq 0$, l、k 是整数, 那么

$$\binom{x+k}{k}\binom{x+l}{l} = \sum_{j=0}^{k} C_k^j C_k^j \binom{x+k+l-j}{k+l}.$$

这里, x 是实数, 符号 $\binom{x+k}{k}$ 表示多项式 $\dfrac{1}{k!}(x+k)(x+k-1)\cdots$

$(x+1)$.

这个恒等式是怎样想出来的呢?

十二 不等式方面的例题

数学归纳法在证明不等式方面, 也很有用. 下面我们举

几个例子.

例1 求证 n 个非负数的几何平均数不大于它们的算术平均数.

n 个非负数 a_1，a_2，$\cdots$，a_n 的几何平均数是

$$(a_1 a_2 \cdots a_n)^{\frac{1}{n}};$$

算术平均数是

$$\frac{a_1 + a_2 + \cdots + a_n}{n}.$$

所以本题就是要求证明：

$$(a_1 a_2 \cdots a_n)^{\frac{1}{n}} \leqslant \frac{a_1 + a_2 + \cdots + a_n}{n}. \tag{1}$$

证明 当 $n = 1$ 的时候，（1）式不证自明. 如果 a_1，a_2，$\cdots$，a_n 里有一个等于 0，（1）式也不证自明.

现在假设

$$0 < a_1 \leqslant a_2 \leqslant \cdots \leqslant a_n.$$

如果 $a_1 = a_n$，那么所有的 $a_j (j = 1, 2, \cdots, n)$ 都相等，（1）式也就不证自明. 所以我们进一步假设 $a_1 < a_n$，并且假设

$$(a_1 a_2 \cdots a_{n-1})^{\frac{1}{n-1}} \leqslant \frac{a_1 + a_2 + \cdots + a_{n-1}}{n-1} \tag{2}$$

成立. 显然（2）式的右边 $\dfrac{a_1 + a_2 + \cdots + a_{n-1}}{n-1} < a_n$. 因为

$$\frac{a_1 + a_2 + \cdots + a_n}{n} = \frac{(n-1)\dfrac{a_1 + a_2 + \cdots + a_{n-1}}{n-1} + a_n}{n}$$

$$= \frac{a_1 + a_2 + \cdots + a_{n-1}}{n-1} + \frac{a_n - \dfrac{a_1 + a_2 + \cdots + a_{n-1}}{n-1}}{n},$$

把等式两边都乘方 $n(n>1)$ 次，并且由

$$(a+b)^n > a^n + n\, a^{n-1} b, \quad (a>0, \ b>0)$$

可知

$$\left(\frac{a_1 + a_2 + \cdots + a_n}{n}\right)^n > \left(\frac{a_1 + a_2 + \cdots + a_{n-1}}{n-1}\right)^n$$

$$+ n\left(\frac{a_1 + a_2 + \cdots + a_{n-1}}{n-1}\right)^{n-1}\left(\frac{a_n - \dfrac{a_1 + a_2 + \cdots + a_{n-1}}{n-1}}{n}\right)$$

$$= a_n\left(\frac{a_1 + a_2 + \cdots + a_{n-1}}{n-1}\right)^{n-1}$$

$$\geqslant a_n(a_1 a_2 \cdots a_{n-1}) = a_1 a_2 \cdots a_n,$$

所以 $\qquad (a_1 a_2 \cdots a_n)^{\frac{1}{n}} \leqslant \dfrac{a_1 + a_2 + \cdots + a_n}{n}$

也成立. 于是定理得证.

上面的证明中还说明了，当各数都相等的时候，（1）式才会出现等号.

下面是另一个证法，它提出了数学归纳法的另一变着"反

向归纳法".

别证 当 $n = 2$ 的时候,(1)式是

$$(a_1 a_2)^{\frac{1}{2}} \leqslant \frac{a_1 + a_2}{2}.$$

这可以由 $(a_1^{\frac{1}{2}} - a_2^{\frac{1}{2}})^2 \geqslant 0$ 直接推出.

现在我们来证明,当 $n = 2^p$,p 是任意自然数的时候,定理都是成立的.(用数学归纳法)

假设当 $n = 2^k$ 的时候,(1)式是成立的,那么

$$(a_1 a_2 \cdots a_{2^{k+1}})^{\frac{1}{2^{k+1}}} = \left[(a_1 a_2 \cdots a_{2^k})^{\frac{1}{2^k}} (a_{2^k+1} \, a_{2^k+2} \cdots a_{2^{k+1}})^{\frac{1}{2^k}} \right]^{\frac{1}{2}}$$

$$\leqslant \frac{1}{2} \left[(a_1 \, a_2 \cdots a_{2^k})^{\frac{1}{2^k}} + (a_{2^k+1} \, a_{2^k+2} \cdots a_{2^{k+1}})^{\frac{1}{2^k}} \right]$$

$$\leqslant \frac{1}{2} \left[\frac{a_1 + a_2 + \cdots + a_{2^k}}{2^k} \right.$$

$$\left. + \frac{a_{2^k+1} \, a_{2^k+2} \cdots a_{2^{k+1}}}{2^k} \right] = \frac{a_1 + a_2 + \cdots + a_{2^{k+1}}}{2^{k+1}}.$$

所以当 $n = 2^{k+1}$ 的时候,(1)式也是成立的.因此,当 $n = 2^p$,p 是任何自然数的时候,(1)式都是成立的.

进一步再推到一般的 n. 我们在假设当 $n = k$ 的时候,(1)式成立的前提下来证明,当 $n = k - 1$ 的时候,它也成立.

取 $a_k = \dfrac{a_1 + a_2 + \cdots + a_{k-1}}{k-1}$. 因为当 $n = k$ 的时候，（1）式是

成立的，所以

$$\frac{a_1 + a_2 + \cdots + a_{k-1}}{k-1} = \frac{a_1 + a_2 + \cdots + a_{k-1} + a_k}{k}$$

$$\geqslant (a_1 a_2 \cdots a_{k-1} a_k)^{\frac{1}{k}}$$

$$= \left(a_1 a_2 \cdots a_{k-1} \cdot \frac{a_1 + a_2 + \cdots + a_{k-1}}{k-1} \right)^{\frac{1}{k}}.$$

两边同除以 $\left(\dfrac{a_1 + a_2 + \cdots + a_{k-1}}{k-1} \right)^{\frac{1}{k}}$ 得

$$\left(\frac{a_1 + a_2 + \cdots + a_{k-1}}{k-1} \right)^{\frac{k-1}{k}} \geqslant (a_1 a_2 \cdots a_{k-1})^{\frac{1}{k}}.$$

由此得 $\dfrac{a_1 + a_2 + \cdots + a_{k-1}}{k-1} \geqslant (a_1 a_2 \cdots a_{k-1})^{\frac{1}{k-1}}.$

即得所证．

至此定理就完全得到了证明．

例 2　（加权平均）设 p_1，p_2，$\cdots$，p_n 是 n 个正数，它们的

和是 1．那么，当 $a_v \geqslant 0 (v = 1, 2, \cdots, n)$ 的时候，

$$a_1^{p_1} a_2^{p_2} \cdots a_n^{p_n} \leqslant p_1 a_1 + p_2 a_2 + \cdots + p_n a_n. \tag{3}$$

例 1 显然是例 2 在 $p_1 = p_2 = \cdots = p_n = \dfrac{1}{n}$ 时的特例．但例 2

也并未走得很远．事实上，如果 p_1，p_2，$\cdots$，p_n 是正有理数，

它们的公分母是 l，那么可以记作 $p_v = \dfrac{m_v}{l}$，而 $m_1 + m_2 + \cdots + m_n$ $= l$。我们想要证明的就变成是

$$(a_1^{m_1} a_2^{m_2} \cdots a_n^{m_n})^{\frac{1}{l}} \leqslant \frac{m_1 a_1 + m_2 a_2 + \cdots + m_n a_n}{l}.$$

这就是例 1 里取 m_1 个等于 a_1，m_2 个等于 a_2，$\cdots$，m_n 个等于 a_n 的特例而已。也就是，（3）式对适合于 $p_1 + p_2 + \cdots + p_n = 1$ 的任意 n 个正有理数 p_1，p_2，$\cdots$，p_n 都成立。

读者如果学过极限的概念，就不难推出（3）式对所有适合于 $p_1 + p_2 + \cdots + p_n = 1$ 的正实数 p_1，p_2，$\cdots$，p_n 都成立。

例 3 设 a_1，a_2，$\cdots$，a_n 是正数，并且

$$(x + a_1)(x + a_2) \cdots (x + a_n)$$
$$= x^n + c_1 x^{n-1} + c_2 x^{n-2} + \cdots + c_n.$$

这里 c_r 是从 a_1，a_2，$\cdots$，a_n 里每次任意取 r 个乘起来的总和，它一定含有 C_n^r 项。而 C_n^r 就是从 n 个元素里每次取 r 个的组合数，也就是

$$C_n^r = \frac{n(n-1)\cdots(n-r+1)}{1 \cdot 2 \cdot \cdots \cdot r}.$$

现在定义 P_r 是从 a_1，a_2，$\cdots$，a_n 里每次取 r 个的乘积的平均数，就是

$$P_r = \frac{c_r}{C_n^r}.$$

不难看到，P_1 就是 a_1，a_2，$\cdots$，a_n 的算术平均数，而 P_n 就是 a_1，a_2，$\cdots$，a_n 的几何平均数的 n 次方。

比例 1 更广泛些有以下的结果：

$$P_1 \geqslant P_2^{\frac{1}{2}} \geqslant P_3^{\frac{1}{3}} \cdots \geqslant P_n^{\frac{1}{n}}. \qquad (4)$$

为了方便，我们再定义 $c_0 = 1$，$P_0 = 1$，$P_{n+1} = 0$。于是这个结果可以由以下的结果推导出来：

$$P_{r-1} P_{r+1} \leqslant (P_r)^2. \quad (1 \leqslant r \leqslant n) \qquad (5)$$

我们先用归纳法证明 (5) 式。当 $n = 2$ 的时候，它就是

$$a_1 a_2 \leqslant \left(\frac{a_1 + a_2}{2} \right)^2,$$

所以 (5) 式一定成立。

假设对于 $(n-1)$ 个数 a_1，a_2，$\cdots$，a_{n-1}，(5) 式是成立的，而用 c_r'、P_r' 分别表示由这 $(n-1)$ 个数所作成的 c_r、P_r。又设 $c_0' = P_0' = 1$，$c_n' = P_n' = 0$，那么

$$c_r = c_r' + a_n c_{r-1}' \quad (1 \leqslant r \leqslant n)$$

和

$$P_r = \frac{n-r}{n} P_r' + \frac{r}{n} a_n P_{r-1}'. \quad (1 \leqslant r \leqslant n)$$

（这里用到了 $\dfrac{C_{n-1}^r}{C_n^r} = \dfrac{n-r}{n}$，$\dfrac{C_{n-1}^{r-1}}{C_n^r} = \dfrac{r}{n}$。）

因此

$$n^2 (P_{r-1} P_{r+1} - P_r^2) = A + B a_n + C a_n^2. \quad (1 \leqslant r \leqslant n-1)$$

这里

$$A = \left[(n-r)^2 - 1 \right] P'_{r-1} P'_{r+1} - (n-r)^2 P_r^{\prime 2},$$

$$B = (n-r+1)(r+1) P'_{r-1} P'_r$$

$$+ (n-r-1)(r-1) P'_{r-2} P'_{r+1}$$

$$- 2r(n-r) P'_{r-1} P'_r,$$

$$C = (r^2 - 1) P'_{r-2} P'_r - r^2 P_{r-1}^{\prime 2}.$$

由归纳法的假定与 $C'_0 = P'_0 = 1$，易见

$$P'_{r-1} P'_{r+1} \leqslant P_r^{\prime 2}, \quad (1 \leqslant r \leqslant n-2)$$

$$P'_{r-2} P'_r \leqslant P_{r-1}^{\prime 2}. \quad (2 \leqslant r \leqslant n-1)$$

由此推得

$$P'_{r-2} P'_{r+1} \leqslant P'_{r-1} P'_r. \quad (2 \leqslant r \leqslant n-1)$$

因此，当 $1 \leqslant r \leqslant n-1$ 的时候，

$$A \leqslant \left\{ \left[(n-r)^2 - 1 \right] - (n-r)^2 \right\} P_r^{\prime 2} = - P_r^{\prime 2},$$

$$B \leqslant \left[(n-r+1)(r+1) + (n-r-1)(r-1) \right.$$

$$\left. - 2r(n-r) \right] P'_{r-1} P'_r = 2 P'_{r-1} P'_r,$$

$$C \leqslant \left[(r^2 - 1) - r^2 \right] P_{r-1}^{\prime 2} = - P_{r-1}^{\prime 2}.$$

所以

$$n^2(P_{r-1}P_{r+1} - P_r^2) \leqslant -P_r^2 + 2P_{r-1}'P_r'a_n - {P_{r-1}'}^2 a_n^2$$

$$= -(P_r' - P_{r-1}'a_n)^2 \leqslant 0.$$

因此 $$P_{r-1}P_{r+1} \leqslant P_r^2.$$

即得所证.

再由(5)推出(4)来, 由(5)可知

$$(P_0P_2)(P_1P_3)^2(P_2P_4)^3 \cdots (P_{r-1}P_{r+1})^r$$

$$\leqslant P_1^2 P_2^4 P_3^6 \cdots P_r^{2r},$$

得 $$P_{r+1}^r \leqslant P_r^{r+1},$$

就是 $$P_r^{\frac{1}{r}} \geqslant P_{r+1}^{\frac{1}{r+1}}.$$

这就是(4)式.

从这个问题就可以推出:

$$c_{r-1}c_{r+1} < c_r^2. \tag{6}$$

因为由 $$P_{r-1}P_{r+1} \leqslant P_r^2$$

得出 $$c_{r-1}c_{r+1} < \frac{(r+1)(n-r+1)}{r(n-r)} c_{r-1}c_{r+1} \leqslant c_r^2.$$

所以这是较弱的结论.

由(6)推出, 当 $r < s$ 的时候, (要不要用归纳法?)

$$c_{r-1}c_s < c_r c_{s-1}. \tag{7}$$

由此也证明了, 如果方程

$$x^n + c_1 x^{n-1} + \cdots + c_n = 0$$

只有负根,那么它的系数一定适合于(6)与(7).

十三 几何方面的例题

数学归纳法还可以用来证明几何方面的问题.下面我们也举几个例子.

例 1 平面上有 n 条直线,其中没有两条平行,也没有三条经过同一点.求证:它们

(1)共有 $V_n = \frac{1}{2}n(n-1)$ 个交点;

(2)互相分割成 $E_n = n^2$ 条线段;

(3)把平面分割成 $S_n = 1 + \frac{1}{2}n(n+1)$ 块.

证明 假设命题在 $n-1$ 条直线时是正确的.现在来看添上一条直线后的情况.

新添上去的 1 条直线与原来的 $n-1$ 条直线各有 1 个交点,因此

$$V_n = V_{n-1} + n - 1.$$

这新添上去的 1 条直线被原来的 $n-1$ 条直线分割为 n 段,而它又把原来的 $n-1$ 条直线每条多分割出一段,因此

$$E_n = E_{n-1} + n + n - 1 = E_{n-1} + 2n - 1.$$

这新添上去的 1 条直线被分割为 n 段，每段把一块平面分成两块，总共要添出 n 块，因此

$$S_n = S_{n-1} + n.$$

当 $n = 1$ 的时候，$V_1 = 0$，$E_1 = 1$，$S_1 = 2$.

因此 $V_n = (n-1) + V_{n-1} = (n-1) + (n-2) + V_{n-2}$

$$\cdots\cdots\cdots\cdots$$

$$= (n-1) + (n+2) + \cdots + 1 = \frac{1}{2}n(n-1);$$

$$E_n = (2n-1) + E_{n-1} = (2n-1) + (2n-3) + E_{n-2}$$

$$\cdots\cdots\cdots\cdots$$

$$= (2n-1) + (2n-3) + \cdots + 1 = n^2;$$

$$S_n = n + S_{n-1} = n + (n-1) + S_{n-2}$$

$$\cdots\cdots\cdots\cdots$$

$$= n + (n-1) + \cdots + 2 + 2 = \frac{1}{2}n(n+1) + 1.$$

思考题：如果平面上有 n 条直线，其中 a 条过同一点，b 条过同一点，……，这 n 条直线分平面为多少份？

例 2 空间有 n 个平面，其中没有两个平面平行，没有三个平面相交于同一条直线，也没有四个平面过同一个点. 求证：它们

数学知识竞赛五讲

（1）有 $V_n = \dfrac{1}{6}n(n-1)(n-2)$ 个交点；

（2）有 $E_n = \dfrac{1}{2}n(n-1)^2$ 段交线；

（3）有 $S_n = n + \dfrac{1}{2}n^2(n-1)$ 片面；

（4）把空间分成 $F_n = \dfrac{1}{6}(n^3 + 5n + 6)$ 份.

证明　（1）每三个平面有 1 个交点，所以共有

$$C_n^3 = \frac{1}{6}n(n-1)(n-2)$$

个交点.

（2）每两个平面有 1 条交线，所以共有

$$C_n^2 = \frac{1}{2}n(n-1)$$

条交线. 而每条交线又被其他 $n-2$ 个平面截为 $n-1$ 段，因此得

$$E_n = C_n^2 \cdot (n-1) = \frac{1}{2}n(n-1)^2.$$

（3）在每个平面上都有这平面与其他 $n-1$ 个平面的 $n-1$ 条交线，而这平面被这 $n-1$ 条交线割成 $1 + \dfrac{1}{2}n(n-1)$ 块（例

1）．因此共有

$$S_n = n\left[1 + \frac{1}{2}n(n-1)\right] = n + \frac{1}{2}n^2(n-1)$$

片面．

(4) 原来 $n-1$ 个平面已把空间分成为 F_{n-1} 块．再添上 1 个平面，这平面上被分为 $1 + \frac{1}{2}n(n-1)$ 部分，每一部分又把一空间块切成两块．因此得

$$F_n = F_{n-1} + 1 + \frac{1}{2}n(n-1).$$

应用归纳法，由

$$F_1 = 2 \text{ 和 } F_{n-1} = \frac{1}{6}\left[(n-1)^3 + 5(n-1) + 6\right]$$

即可推得

$$F_n = \frac{1}{6}\left[(n-1)^3 + 5(n-1) + 6\right] + 1 + \frac{1}{2}n(n-1)$$

$$= \frac{1}{6}(n^3 + 5n + 6).$$

例 3　过同一点的 n 个平面，其中没有 3 个交于同一条直线，它们把空间分为 $[n(n-1) + 2]$ 份．

证明留给读者．

与此等价的问题有：

例 4 球面上以球心为中心的圆称为大圆. 设有 n 个大圆, 其中任何 3 个都不能在球面上有同一个交点, 这些大圆把球面分成 $[n(n-1)+2]$ 份.

思考题: 依经纬度每隔 30° 做一单位来划分球面, 这样划出的区域有多少点、线、面?

例 5 平面上若干条线段连在一起组成一个几何图形, 其中有顶点, 有边(两端都是顶点的线段, 并且线段中间再没有别的顶点), 有面(四周被线段所围绕的部分, 并且不是由两个或者两个以上的面合起来的). 如果用 V、E 和 S 分别表示顶点数、边数和面数, 求证:

$$V - E + S = 1. \tag{1}$$

证明 我们应用数学归纳法.

当 $n=1$ 就是有 1 条线段的时候, 有 2 个点, 1 条线, 无面. 也就是

$$V_1 = 2, \quad E_1 = 1, \quad S_1 = 0.$$

所以结论是正确的.

假设对由不多于 k 条线段组成的图形, 这个定理成立, 现在证明对由 $(k+1)$ 条线段组成的图形, 这个定理也成立.

添上一条线可以有好几种添法, 但是这条线是与原来的图形连在一起的, 所以至少要有一端在原图形上. 根据这一

点，我们来考虑以下各种可能情况．

(1)一端在图形外，另一端就是原来的顶点．这样，点数加上1，线数加上1，面数不变．这就是要在原来的公式的左边加上 $1-1+0=0$．所以(1)式成立．

(2)一端在图形外，另一端在某一条线段上．这样，点数加上2，线数也加上2(除掉添上的一条线之外，原来的某一条线被分为两段)，面数不变．因为 $2-2+0=0$，所以(1)式仍成立．

(3)两端恰好是原来的两顶点．这时，这条线段把一个面一分为二，即线、面数各加上1，而点数不变．因为 $0-1+1=0$，所以(1)式仍成立．

(4)一端是顶点，另一端在一条边上．这时，点数加上1，边数加上2(一条是添的线，另一条来自把一边一分为二)，面数加上1．因为 $1-2+1=0$，所以(1)式仍成立．

(5)两端都在边上．这时，点数加上2，边数加上3，面数加上1．因为 $2-3+1=0$，所以(1)式仍成立．

综上所述，可知公式

$$V-E+F=1$$

对于所有的 n 都成立．

十四 自然数的性质

作为本章的结束，这里来谈谈自然数的性质.

众所周知，自然数就是指

$$1, 2, 3, \cdots$$

这些数所组成的整体.

对于自然数有以下的性质：

(1)1 是自然数.

(2)每一个确定的自然数 a，都有一个确定的随从①a'，a' 也是自然数.

(3)1 非随从，即 $1 \neq a'$.

(4)一个数只能是某一个数的随从，或者根本不是随从，即由

$$a' = b',$$

一定能推得 $\qquad\qquad a = b.$

(5)任意一个自然数的集合，如果包含 1，并且假设包含

---

① "随从"也叫作后继数，就是紧接在某一个自然数后面的数. 例如，1 的随从是 2；2 的随从是 3 等等.

a，也一定包含 a 的随从 a'，那么这个集合包含所有的自然数．

这五条自然数的性质是由 Peano 抽象出来的，因此通常把它叫作自然数的斐雅诺（Peano）公理．特别的，其中的性质（5）是数学归纳法（也称完全归纳法）的根据．

现在我们来证明以下的基本性质（也称数学归纳法的第二形式）：

一批自然数里一定有一个最小的数，也就是这个数小于其他所有的数．

证明 在这集合里任意取一个数 n，大于 n 的不必讨论了．我们需要讨论的是那些不大于 n 的自然数里一定有一个最小的数．

应用归纳法．如果 $n=1$，它本身就是自然数里的最小的数．如果这集合里没有小于 n 的自然数存在，那么 n 就是最小的，也不必讨论了．如果有一个 $m<n$，那么由数学归纳法的假设，知道集合里不大于 m 的自然数里一定有一个最小的数存在．这个数也就是原集合里的最小的数．即得所证．

反过来，也可以用这个性质来推出"数学归纳法"．

假设对于某些自然数命题是不正确的，那么，一定有一个最小的自然数 $n=k$ 使这个命题不正确；也就是，当 $n=k-$

1 的时候，命题正确，而当 $n = k$ 的时候，这个命题不正确. 这与归纳法的假定是矛盾的.

"最小数原则"不仅在理论研究上很重要，在具体使用时，有时也比归纳法原来的形式更为方便. 但在这本书里，不准备加以深论了.

(据上海教育出版社 1963 年版排印)

5. 谈谈与蜂房结构有关的数学问题

人类识自然，

探索穷研，

花明柳暗别有天，

谲诡神奇满目是，

气象万千．

往事几百年，

祖述前贤，

瑕疵讹谬犹盈篇，

蜂房秘奥未全揭，

待咱向前．

楔　子

先谈谈我接触到和思考这问题的过程．始之以"有趣"．在看到了通俗读物上所描述的自然界的奇迹之———蜂房结构的时候，觉得趣味盎然，引人入胜．但继之而来的却是"困惑"．中学程度的读物上所提出的数学问题我竟不会，或说得更确切些，我竟不能在脑海中想象出一个几何模型来，当然我更不能列出所对应的数学问题来了，更不要说用数学方法来解决这个问题！在列不出数学问题，想象不出几何模型的时候，咋办？感性知识不够，于是乎请教实物，找个蜂房来看看．看了之后，了解了，原来如此，问题形成了，因而很快地初步解决了．但解法中用了些微积分，因而提出一个问题，能不能不用微积分，想出些使中学同学能懂的初等解法．这样就出现了本文的第五节"浅化"（在这段中还将包括南京师范学院附中老师和同学给我提出的几种不同解法．这种听了报告就动手动脑的风气是值得称道的）．问题解得是否全面？更全面地考虑后，引出一个"难题"．这难题的解决需要些较高深或较繁复的数学．在本文中我做了些对比，以便看出蜂房的特点来．

在深入探讨一下之后发现，容积一样而用材最省的尺寸比例竟不是实测下来的数据，因而使我们怀疑前人已得的结论，因而发现问题的提法也必须改变，似乎应当是：以蜜蜂的身长腰围为准，怎样的蜂房才最省材料．这样问题就更进了一步，不是仅仅乎依赖于空间形式与数量关系的数学问题了，而是与生物体统一在一起的问题了，这问题的解答，不是本书的水平所能胜任的．

问题看清了，解答找到了．但还不能就此作结，随之而来的是浮想联翩．更丰富更多的问题，在这小册子上是写不完的，并且不少已经超出了中学生水平．但在最后我还是约略地提一下，写了几节中学生可能看不懂的东西，留些咀嚼余味罢！

总之，我做了一个习题．我把做习题的原原本本写下来供中学同学参考，请读者指正．

一　有　趣

我把我所接触到的通俗读物中有关蜂房的材料摘引几条（有些用括号标出的问句或问号是作者添上的）．

如果把蜜蜂大小放大为人体的大小，蜂箱就会成为一个悬挂在几乎达 20 公顷的天顶上的密集的立体市镇.

一道微弱的光线从市镇的一边射来, 人们看到由高到低悬挂着一排排一列列五十层的建筑物.

耸立在左右两条街中间的高楼上, 排列着薄墙围成的既深又矮的, 成千上万个六边形巢房.

为什么是六边形? 这到底有什么好处? 18 世纪初, 法国学者马拉尔琪曾经测量过蜂窝的尺寸, 得到一个有趣的发现, 那就是六边形窝洞的六个角, 都有一致的规律: 钝角等于 109°28′, 锐角等于 70°32′. (对吗?)

图 1

难道这是偶然的现象吗? 法国物理学家列奥缪拉由此得到一个启示, 蜂窝的形状是不是为了使材料最节省而容积最大呢? (确切的提法应当是, 同样大的容积, 建筑用材最省; 或同样多的建筑材料, 造成最大容积的容器.)

列奥缪拉去请教巴黎科学院院士瑞士数学家克尼格. 他计算的结果, 使人非常震惊. 因为他从理论上的计算, 要消耗最少的材料, 制成最大的菱形容器(?), 它的角度应该是 109°26′ 和 70°34′. 这与蜂窝的角度仅差 2 分.

后来, 苏格兰数学家马克劳林又重新计算了一次, 得出的结果竟和蜂窝的角度完全一样. 后来发现, 原来是克尼格计算时所用的对数表(?)印错了!

小小蜜蜂在人类有史以前所已经解决的问题,竟要 18 世纪的数学家用高等数学才能解决呢!

这些是多么有趣的描述呀!"小小蜜蜂","科学院院士","高等数学","对数表印错了"!真是引人入胜的描述呀!启发人们思考的描述呀!

诚如达尔文所说:"巢房的精巧构造十分符合需要,如果一个人看到巢房而不倍加赞扬,那他一定是个糊涂虫。"自然界的奇迹如此,人类认识这问题的过程又如此,怎能不引人入胜呢!

二 困 惑

是的,真有趣. 这个 18 世纪数学家已经解决的问题,我们会不会?如果会,要用怎样的高等数学?大学教授能不能解?大学高年级学生能不能解?我们现在是 20 世纪了,大学低年级学生能不能解?中学生能不能解?且慢!这到底是个什么数学问题?什么样的六边形窝洞的钝角等于 $109°28'$,锐角等于 $70°32'$?不懂!六边形六内角的和等于 $(6-2)\pi = 4\pi = 720°$,每个角平均 $120°$,而 $109°28'$ 与 $70°32'$ 都小于 $120°$,

因而不可能有这样的六边形.

既说"蜂窝是六边形的",又说"它是菱形容器",所描述的到底是个什么样子? 六边形和菱形都是平面图形的术语,怎样用来刻画一个立体结构? 不懂!

困恼! 不要说解问题了,连个蜂窝模型都摸不清. 问题钉在心上了! 这样想,那样推,无法在脑海形成一个形象来. 设想出了几个结构,算来算去,都与事实不符,找不出这样的角度来. 这还不只是数学问题,而必须请教一下实物,看看蜂房到底是怎样的几何形状,所谓的角到底是指的什么角!

三 访 实

解除困恼的最简单的办法是撤退. 是的,我们有一千个理由可以撤退,像这是已经解决了的问题呀! 这不是属于我们研究的范围内的问题呀! 这还不是确切的数学问题呀! 这些理由中只要有一个抬头,我们就将失去了一个锻炼的机会. 一千个理由顶不上一个理由,就是不会! 不会就得想,就得想到水落石出来. 空间的几何图形既然还属茫然,当然就必须请教实物. 感谢昆虫学家刘崇乐教授,他给了我一个蜂房，使我摆脱了困境．

画一支铅笔怎样画？是否把它画成为如图 2 那样？

有人说这不像，我说很像．我是
从近处正对着铅笔头画的．这是写实，
但是并不足以刻画出铅笔的形态来．

图 2

我们的图 1（和第一节的说明）就是用"正对铅笔头的方法"画
出来的，当然没有了立体感，更无法显示出蜂房内部的构造
情况．

看到了实物，才知道既说"六角"又说"菱形"的意义．原
来是，正面看来，蜂房是由一些正六边形所组成的．既然是
正六边形，那就每一角都是 120°，并没有什么角度的问题．
问题在于房底．蜂房并非六棱柱，它的底部都是由三个菱形
所拼成的．图 3 是蜂房的立体图．这个图比较清楚些，但还
是得用各种分图及说明来解释清楚．说得更具体些，拿一支
六棱柱的铅笔，未削之前，铅笔一端的形状是正六边形 *ABC-DEF*（图 4）．通过 *AC*，一刀切下一角，把三角形 *ABC* 搬置
AP'C 处；过 *AE*，*CE* 切如此同样两刀，所堆成的形状就如图
5 那样，而蜂巢就是由两排这样的蜂房底部和底部相接而
成的．

因而初步形成了以下的数学问题了：

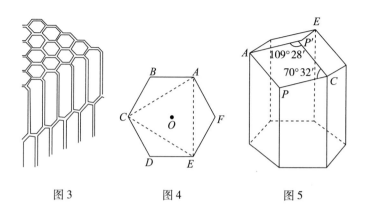

图3　　　　　图4　　　　　图5

怎样切出来使所拼成的三个菱形做底的六面柱的表面积最小？

为什么说是"初步"？且待第六、第七节分解．下节中首先解决这个简单问题．

（读者试利用这机会来考验一下自己对几何图形的空间想象能力．这样的图形可以排成密切无间的蜂窝．）

四　解　题

假定六棱柱的边长为 1，先求 AC 的长度．ABC 是腰长为 1，夹角为 120° 的等腰三角形．以 AC 为对称轴作一个三角形 $AB'C$（图 6）．三角形 ABB' 是等边三角形．因此，

$$\frac{1}{2}AC = \sqrt{1 - \left(\frac{1}{2}\right)^2} = \frac{\sqrt{3}}{2},$$

即得 $AC = \sqrt{3}$.

把图 5 的表面分成六份，把其中之一摊平下来，得出图 7 的形状. 从一个宽为 1 的长方形切去一角，切割处成边 AP. 以 AP 为腰，$\frac{\sqrt{3}}{2}$ 为高作等腰三角形. 问题：怎样切才能使所作出的图形的面积最小？

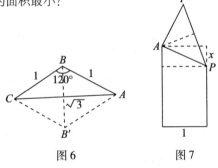

图 6　　　　　　图 7

假定被切去的三角形的高是 x. 从矩形中所切去的面积等于 $\frac{1}{2}x$. 现在看所添上的三角形 APP' 的面积. AP 的长度是 $\sqrt{1+x^2}$，因此 PP' 的长度等于

$$2\sqrt{(1+x^2) - \frac{3}{4}} = \sqrt{1+4x^2},$$

因而三角形 APP' 的面积等于

$$\frac{\sqrt{3}}{4}\sqrt{1+4x^2}.$$

问题再变而为求

$$-\frac{1}{2}x+\frac{\sqrt{3}}{4}\sqrt{1+4x^2}$$

的最小值的问题.

念过微积分的读者立刻可以用以下的方法求解:(没有学过微积分的读者可以略去以下这一段.)

求 $\quad f(x)=-\frac{1}{2}x+\frac{\sqrt{3}}{4}\sqrt{1+4x^2}$

的微商,得 $\quad f'(x)=-\frac{1}{2}+\frac{\sqrt{3}x}{\sqrt{1+4x^2}}.$

由 $f'(x)=0$,解得 $1+4x^2=12x^2$,$x=\frac{1}{\sqrt{8}}$. 又

$$f''(x)=\frac{\sqrt{3}}{\sqrt{1+4x^2}}-\frac{4\sqrt{3}x^2}{(1+4x^2)^{\frac{3}{2}}}=\frac{\sqrt{3}}{(1+4x^2)^{\frac{3}{2}}}>0,$$

因而当 $x=\frac{1}{\sqrt{8}}$ 时给出极小值

$$f\left(\frac{1}{\sqrt{8}}\right)=-\frac{1}{4\sqrt{2}}+\frac{\sqrt{3}}{4}\times\frac{\sqrt{3}}{\sqrt{2}}=\frac{1}{\sqrt{8}}.$$

这一节说明了当 $x = \dfrac{1}{\sqrt{8}}$ 时取最小值，即在一棱上过 $x = \dfrac{1}{\sqrt{8}}$ 处(图 5 中 P 点)以及与该棱相邻的二棱的端点(图 5 中 A，C 点)切下来拼上去的图形的表面积最小．

用 γ 表示三角形 APP' 两腰的夹角 $\angle PAP'$．γ 的余弦由以下的余弦公式给出：

$$2(1 + x^2)\cos\gamma = 2(1 + x^2) - (1 + 4x^2) = 1 - 2x^2,$$

即
$$\cos\gamma = \frac{1 - 2x^2}{2(1 + x^2)} = \frac{\dfrac{3}{8}}{\left(1 + \dfrac{1}{8}\right)} = \frac{1}{3}.$$

因此得出 $\gamma = 70°32'$．

把问题说得更一般些，以边长为 a 的正六边形为底，以 b 为高的六棱柱，其六个顶点顺次以 $ABCDEF$ 标出(图 8)．过 B (或 D 或 F)棱距顶点为 $\dfrac{1}{\sqrt{8}}a$ 处及 A，C (或 C，E 或 E，A)作一平面；切下三个四面体，反过来堆在顶上，得一以三个菱形做底的六棱尖顶柱．现在算出这六棱尖顶柱的体积和表面积：

体积等于以边长为 a 的正六边形的面积乘高 b，即

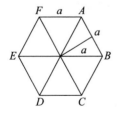

图 8

数学知识竞赛五讲

$$6 \times \frac{1}{2}a \times \frac{\sqrt{3}}{\sqrt{2}}a = \frac{3\sqrt{3}}{2}a^2$$

乘以 b，即得

$$\frac{3\sqrt{3}}{2}a^2b.$$

表面积等于六棱柱的侧面积 $6ab$ 加上 6 倍的 $\frac{1}{\sqrt{8}}a^2$

$\left[\text{也就是}\, f\!\left(\frac{1}{\sqrt{8}}\right)a^2 = \frac{1}{\sqrt{8}}a^2\right]$，即

$$6ab + \frac{6}{\sqrt{8}}a^2 = 6a\left(b + \frac{a}{\sqrt{8}}\right).$$

五　浅　化

没有读过微积分的读者不要着急．在我解决了这问题之后，当然就想到了要不要用微积分，能不能找到一个中学生所能理解的解法．有的，而且很不少．

方法一　我们需要用以下的结果(或称为算术中项大于几何中项)．当 $a \geqslant 0$，$b \geqslant 0$ 时，常有

$$\frac{1}{2}(a + b) \geqslant \sqrt{ab}, \tag{1}$$

当 $a = b$ 时取等号，当 $a \neq b$ 时取不等号. 这一结论可由不等式

$$(\sqrt{a} - \sqrt{b})^2 \geqslant 0 \tag{2}$$

立刻推出.

现在试来解决问题. 命 $2x = t - \dfrac{1}{4t} \, (t > 0)$，则

$$f(x) = -\frac{1}{2}x + \frac{\sqrt{3}}{4}\sqrt{1 + 4x^2}$$

$$= -\frac{1}{4}\left(t - \frac{1}{4t}\right) + \frac{\sqrt{3}}{4}\left(t + \frac{1}{4t}\right)$$

$$= \frac{\sqrt{3} - 1}{4}t + \frac{\sqrt{3} + 1}{4} \times \frac{1}{4t}.$$

由(1)得出 $f(x) \geqslant 2\sqrt{\dfrac{(\sqrt{3} - 1)(\sqrt{3} + 1)}{4^3}} = \dfrac{1}{\sqrt{8}}.$

并且知道仅当

$$\frac{\sqrt{3} - 1}{4}t = \frac{\sqrt{3} + 1}{4} \times \frac{1}{4t}$$

时取等号. 即，当

$$4t^2 = \frac{\sqrt{3} + 1}{\sqrt{3} - 1} = \frac{(1 + \sqrt{3})^2}{2}, \quad t = \frac{1 + \sqrt{3}}{2\sqrt{2}};$$

而当

$$x = \frac{1}{2}\left[\frac{1 + \sqrt{3}}{2\sqrt{2}} - \frac{2\sqrt{2}}{4(1 + \sqrt{3})}\right]$$

$$= \frac{1}{2} \left(\frac{1+\sqrt{3}}{2\sqrt{2}} + \frac{1-\sqrt{3}}{2\sqrt{2}} \right) = \frac{1}{\sqrt{8}}$$

时, $f(x)$ 取最小值 $\frac{1}{\sqrt{8}}$.

方法二 在式子

$$\left[\lambda \left(\sqrt{1+4x^2} + 2x \right)^{\frac{1}{2}} - \mu \left(\sqrt{1+4x^2} - 2x \right)^{\frac{1}{2}} \right]^2$$

$$= 2(\lambda^2 - \mu^2)x + (\lambda^2 + \mu^2)\sqrt{1+4x^2} - 2\lambda\mu \geq 0$$

中, 取 $2(\lambda^2 - \mu^2) = -\frac{1}{2}$, $\lambda^2 + \mu^2 = \frac{\sqrt{3}}{4}$, 即得

$$-\frac{1}{2}x + \frac{\sqrt{3}}{4}\sqrt{1+4x^2} \geq 2\lambda\mu = \sqrt{(\lambda^2 + \mu^2)^2 - (\lambda^2 - \mu^2)^2}$$

$$= \sqrt{\frac{3}{4^2} - \frac{1}{4^2}} = \frac{1}{\sqrt{8}}.$$

并且仅当 $\lambda^2 \left(\sqrt{1+4x^2} + 2x \right) = \mu^2 \left(\sqrt{1+4x^2} - 2x \right)$ 时取等号, 即

$$(\lambda^2 - \mu^2)\sqrt{1+4x^2} + 2(\lambda^2 + \mu^2)x$$

$$= -\frac{1}{4}\sqrt{1+4x^2} + \frac{\sqrt{3}}{2}x = 0$$

时取等号, 解得 $x = \frac{1}{\sqrt{8}}$

方法三 命 $2x = \tan\theta$, 则

$$f(x) = \frac{-\frac{1}{4}\sin\theta + \frac{1}{4}\sqrt{3}}{\cos\theta} = \alpha \times \frac{1 - \sin\theta}{\cos\theta} + \beta \times \frac{1 + \sin\theta}{\cos\theta}$$

$$\geq 2\sqrt{\alpha\beta\frac{1 - \sin^2\theta}{\cos^2\theta}} = 2\sqrt{\alpha\beta},$$

这儿 $\alpha + \beta = \frac{\sqrt{3}}{4}$, $-\alpha + \beta = -\frac{1}{4}$, 不难由此解得答案.

方法虽是三个, 实质仅有一条, 转来转去仍然是依据了 $a^2 + b^2 - 2ab = (b - a)^2 \geq 0$.

南京师范学院附中的老师和同学们又提供了以下的四个证明(方法四至方法七).

方法四 令

$$y = -\frac{1}{2}x + \frac{\sqrt{3}}{4}\sqrt{1 + 4x^2},$$

故

$$y + \frac{1}{2}x = \frac{\sqrt{3}}{4}\sqrt{1 + 4x^2},$$

两边平方并加以整理得

$$x^2 - 2yx + \frac{3}{8} - 2y^2 = 0. \tag{3}$$

因为 x 为实数, 故二次方程(3)的判别式

$$\Delta = y^2 - \frac{3}{8} + 2y^2 = 3y^2 - \frac{3}{8} \geq 0,$$

而 y 必大于 0，因此 y 的最小值是 $\dfrac{1}{\sqrt{8}}$．以此代入（3），则

$$x = \dfrac{1}{\sqrt{8}}.$$

方法五 设

$$\sqrt{1+4x^2} = 2x + t, \quad (t > 0)$$

由此得

$$x = \dfrac{1-t^2}{4t},$$

因此

$$\sqrt{1+4x^2} = \dfrac{1-t^2}{2t} + t = \dfrac{1+t^2}{2t}.$$

故

$$f(x) = \dfrac{t^2-1}{8t} + \dfrac{\sqrt{3}(t^2+1)}{8t}$$

$$= \dfrac{1}{8} \times \dfrac{(\sqrt{3}+1)t^2 + (\sqrt{3}-1)}{t}$$

$$= \dfrac{1}{8}\left[(\sqrt{3}+1)t + (\sqrt{3}-1)\dfrac{1}{t} \right]$$

$$\geqslant \dfrac{1}{8} \times 2\sqrt{(\sqrt{3}+1) + (\sqrt{3}-1)} = \dfrac{1}{\sqrt{8}}.$$

由此不难解出问题．

方法六 设

$$2x = \tan\theta.$$

则

$$y = f(x) = \dfrac{\sqrt{3}}{4}\sec\theta - \dfrac{1}{4}\tan\theta,$$

即 $$4y\cos\theta + \sin\theta = \sqrt{3},$$

$$\sqrt{1 + (4y)^2}\sin(\theta + \varphi) = \sqrt{3},$$

这儿 φ 由 $\tan\varphi = 4y$ 决定. 因此,

$$\sin(\theta + \varphi) = \sqrt{\frac{3}{1 + 16y^2}} \leqslant 1,$$

即 $$1 + 16y^2 \geqslant 3,$$

故 y 的最小值为 $\frac{1}{\sqrt{8}}$. 这时 $\tan\varphi = \sqrt{2}$, $\cot\varphi = \frac{\sqrt{2}}{2}$, $\sin(\theta + \varphi) = $

1. 因此

$$\theta + \varphi = 2k\pi + \frac{\pi}{2} \quad (k = 0, 1, \cdots).$$

于是 $\tan\theta = \cot\varphi = \frac{\sqrt{2}}{2}$, $x = \frac{1}{2}\tan\theta = \frac{1}{\sqrt{8}}$.

方法七

首先证明, 当 $b \geqslant 1$, $x \geqslant 0$ 时下列不等式成立:

$$\sqrt{b(1 + x)} - \sqrt{x} \geqslant \sqrt{b - 1}; \tag{4}$$

且仅当 $x = \frac{1}{b - 1}$ 时等号成立.

证 $[(b - 1)x - 1]^2 = (b - 1)^2 x^2 - 2(b - 1)x + 1 \geqslant 0.$

故 $(b + 1)^2 x^2 + 2(b + 1)x + 1 \geqslant 4bx(1 + x) > 0,$

$$(b + 1)x + 1 \geqslant 2\sqrt{b(x + 1)} \times \sqrt{x},$$

数学知识竞赛五讲

$$b(x+1) - 2\sqrt{b(x+1)} \times \sqrt{x} + x \geq b - 1,$$

即 $$\left[\sqrt{b(x+1)} - \sqrt{x}\right]^2 \geq b - 1 > 0.$$

则 $$\sqrt{b(x+1)} - \sqrt{x} \geq \sqrt{b-1}.$$

这样，不等式(4)得证. 由此，

$$-\frac{1}{2}x + \frac{\sqrt{3}}{4}\sqrt{1+4x^2}$$

$$= \frac{1}{4}\left[\sqrt{3(1+4x^2)} - \sqrt{4x^2}\right] \geq \frac{1}{4} \times \sqrt{2};$$

仅当 $4x^2 = \frac{1}{2}$ 时(此时 $b=3$)等号成立，即得问题之解.

方法八 （北京师范大学附属实验中学某高一同学的解法）

由 $$y = -\frac{1}{2}x + \frac{\sqrt{3}}{4}\sqrt{1+4x^2},$$

清理方根号得出 $$y^2 + xy = \frac{3}{16} + \frac{1}{2}x^2,$$

即 $$y^2 - \frac{1}{8} = \frac{1}{3}(x-y)^2.$$

可知当 $x = y = \frac{1}{\sqrt{8}}$ 时，y 取最小值.

读者试分析这些证法的原则性的共同点或不同点(例如：配方).

六　慎　微

我们必须小心在意，不要以为前所提出的几何问题和我们上两节所讨论的代数问题是完全等价的了．在几何问题中，切割处不能超过六棱柱的高度，也就是高度 b 必须 $\geqslant \frac{1}{\sqrt{8}}a$ 才有意义．如果 b

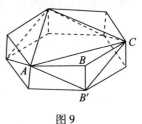

图 9

$< \frac{1}{\sqrt{8}}a$，应当怎样切才对？是否就是通过上底的 AC 及下底的 B' 所切出的方法，共切三刀所得出的图形(图 9)？

七　切　方

从以上的问题立刻可以联想到，以六棱柱为基础，还有没有其他的切拼方法？例如，不是尖顶六棱柱，而是屋脊六棱柱行不行？由四方柱出发行不行？用四方柱怎样切下接上最好？读者不妨多方设想．我现在举以下二例：

1．从边长为 1 的正四方柱的 $\frac{1}{4}$ 处切下一个三角柱堆到顶

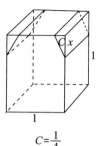

$C=\frac{1}{4}$

图 10

上，对边也如此切，也如此堆上去(图 10，参看图 14)，堆好之后得一方柱上加一屋脊的形状．求切在何处，表面积最小？

假定在棱上距顶点 x 处切．一刀使侧面少去一个矩形，面积是 x(并且同时还少掉两个三角形，但是把切下来的三角柱搬置顶上以后，此两个三角形仍为柱体的侧面，因此实际上并没有少)，添上三角柱翻开后暴露出的两个侧面．其总面积是 $2\sqrt{x^2+\frac{1}{4^2}}$．因此，问题成为求 $-x+2\sqrt{x^2+\frac{1}{4^2}}$ 的最小值．

不难求出，当 $x=\frac{1}{4\sqrt{3}}$ 时，此面积取最小值

$$-\frac{1}{4\sqrt{3}}+2\sqrt{\frac{1}{4^2\times3}+\frac{1}{4^2}}=-\frac{1}{4\sqrt{3}}+\frac{1}{\sqrt{3}}=\frac{\sqrt{3}}{4}.$$

2．如果把"切边"改为"切角"，即过两边中点及棱上距顶点为 x 处切下四面体堆上去的情况(图 11)．

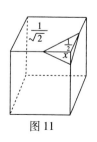

图 11

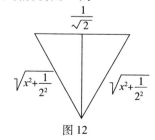

图 12

一刀切去侧面两个三角形，其总面积为 $2 \times \frac{1}{2} x \times \frac{1}{2} = \frac{x}{2}$；添上两个边长为

$$\sqrt{x^2 + \frac{1}{2^2}}, \ \sqrt{x^2 + \frac{1}{2^2}}, \ \sqrt{\frac{1}{2^2} + \frac{1}{2^2}}$$

的三角形(图 12)，其总面积是

$$2 \times \frac{1}{2} \times \frac{1}{\sqrt{2}} \times \sqrt{x^2 + \frac{1}{2^2} - \left(\frac{1}{2\sqrt{2}}\right)^2} = \frac{1}{\sqrt{2}} \times \sqrt{x^2 + \frac{1}{8}}.$$

问题成为求

$$-\frac{x}{2} + \frac{1}{\sqrt{2}} \times \sqrt{x^2 + \frac{1}{8}}$$

的最小值.

不难求出当 $x = \frac{1}{\sqrt{8}}$ 时，即得最小值 $\frac{1}{2\sqrt{8}}$.

两种切法相比，前一法添上二块大小是 $\frac{\sqrt{3}}{4}$ 的面积，后一法添上四块大小是 $\frac{1}{2\sqrt{8}}$ 的面积. 由于

$$4 \times \frac{1}{2\sqrt{8}} = \frac{\sqrt{2}}{2} < 2 \times \frac{\sqrt{3}}{4} = \frac{\sqrt{3}}{2},$$

所以第二种切法更好些.

把第一种切法讲得更一般些：四方柱的底是边长为 a 的

正方形，高是 b．从四方形边的 $\frac{1}{4}a$ 处及棱上 $\frac{1}{4\sqrt{3}}a$ 处切下一个三角柱，堆到顶上．则所得屋脊四方柱的体积仍为 a^2b，而表面积（不算底面）为

$$4ab + 2 \times \frac{\sqrt{3}}{4}a^2 = 4a\left(b + \frac{\sqrt{3}}{8}a\right).$$

第二种切法的一般情况则是：四方柱的底是边长为 a 的正方形，高为 b．从四方形两邻边的中点及棱上 $\frac{1}{\sqrt{8}}a$ 处切下四个四面体，堆到顶上形成一个尖顶四方柱，其体积仍是 a^2b，而表面积（不算底面）是 $4ab + \frac{1}{\sqrt{2}}a^2$．

八　疑　古

以上虽然讲了不少，我们还没有回答出"同样的体积，哪一种模型需要建筑材料最少"的问题．在处理这问题之前，先证明以下的不等式．

如果 $a \geq 0$，$b \geq 0$，$c \geq 0$，则

$$\frac{1}{3}(a + b + c) \geq (abc)^{\frac{1}{3}}, \tag{1}$$

且仅当 $a = b = c$ 时取等号.

其证明可由以下的恒等式推出:

$$a + b + c - 3(abc)^{\frac{1}{3}}$$

$$= (a^{\frac{1}{3}} + b^{\frac{1}{3}} + c^{\frac{1}{3}})[a^{\frac{2}{3}} + b^{\frac{2}{3}} + c^{\frac{2}{3}}$$

$$- (ab)^{\frac{1}{3}} - (bc)^{\frac{1}{3}} - (ca)^{\frac{1}{3}}]$$

$$= \frac{1}{2}(a^{\frac{1}{3}} + b^{\frac{1}{3}} + c^{\frac{1}{3}})[(a^{\frac{1}{3}} - b^{\frac{1}{3}})^2$$

$$+ (b^{\frac{1}{3}} - c^{\frac{1}{3}})^2 + (c^{\frac{1}{3}} - a^{\frac{1}{3}})^2].$$

定理 1 体积为 V 的尖顶六棱柱的表面积(不算底面)的

最小值是 $3\sqrt{2}V^{\frac{2}{3}}$, 而且仅当六边形边长是 $\sqrt{\frac{2}{3}}V^{\frac{1}{3}}$, 高度是

$\frac{1}{2}\sqrt{3}V^{\frac{1}{3}}$ 时取这最小值(图13).

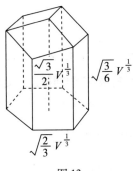

图 13

证 由第四节已知尖顶六棱柱的体积 V 和表面积 S 各为

$$V = \frac{3\sqrt{3}}{2}a^2b,$$

$$S = 6a\left(b + \frac{a}{\sqrt{8}}\right),$$

即

$$S = \frac{4V}{\sqrt{3}a} + \frac{6}{\sqrt{8}}a^2 = \frac{2V}{\sqrt{3}a} + \frac{2V}{\sqrt{3}a} + \frac{6}{\sqrt{8}}a^2.$$

由公式（1）得出

$$S \geqslant 3\left(\frac{2V}{\sqrt{3}a} \times \frac{2V}{\sqrt{3}a} \times \frac{6}{\sqrt{8}}a^2\right)^{\frac{1}{3}} = 3\sqrt{2}V^{\frac{2}{3}};$$

而且仅当

$$\frac{2V}{\sqrt{3}a} = \frac{6}{\sqrt{8}}a^2,$$

也就是

$$a = \sqrt{\frac{2}{3}}V^{\frac{1}{3}}, \quad b = \frac{1}{\sqrt{3}}V^{\frac{1}{3}}$$

时 S 取最小值. 但必须检验这是否适合于条件

$$b \geqslant \frac{1}{\sqrt{8}}a;$$

如果不适合, 可能出现第六节所指出的情况, 而这个数值是不能达到的.

这尖顶六棱柱的高度是 $b + \frac{1}{\sqrt{8}}a = \frac{1}{2}\sqrt{3}V^{\frac{1}{3}}$, 它的棱长高的

是 $b = \dfrac{1}{\sqrt{3}} V^{\frac{1}{3}}$，低的是 $b - \dfrac{1}{\sqrt{8}} a = \dfrac{1}{6}\sqrt{3} V^{\frac{1}{3}}$.

定理 2 体积为 V 的屋脊四方柱的表面积(不算底面)的

最小值是 $V^{\frac{2}{3}}$，而且仅当正方形边长是 $\dfrac{2^{\frac{2}{3}}}{3^{\frac{1}{6}}} V^{\frac{1}{3}}$ 及檐高 $\dfrac{1}{2^{\frac{1}{3}} 3^{\frac{2}{3}}} V^{\frac{1}{3}}$ 的

情况下取这最小值.

证 由第七节已知屋脊四
方柱的体积 V 和表面积 S 各
等于

$$V = a^2 b,$$

$$S = 4a\left(b + \dfrac{\sqrt{3}}{8} a\right),$$

即

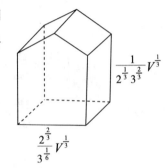

图 14

$$S = \dfrac{4V}{a} + \dfrac{\sqrt{3}}{2} a^2 = \dfrac{2V}{a} + \dfrac{2V}{a} + \dfrac{\sqrt{3}}{2} a^2.$$

由公式(1)得出

$$S \geqslant 3\left(\dfrac{2V}{a} \times \dfrac{2V}{a} \times \dfrac{\sqrt{3}}{2} a^2\right)^{\frac{1}{3}} = 2^{\frac{1}{3}} 3^{\frac{7}{6}} V^{\frac{2}{3}};$$

而且仅当

$$\dfrac{2V}{a} = \dfrac{\sqrt{3}}{2} a^2,$$

也就是
$$a = \frac{2^{\frac{2}{3}}}{3^{\frac{1}{6}}}V^{\frac{1}{3}}, \quad b = \frac{3^{\frac{1}{3}}}{2^{\frac{4}{3}}}V^{\frac{1}{3}}$$

时 S 取最小值. 易见 $b > \dfrac{a}{4\sqrt{3}}$. 因此檐高等于

$$b - \frac{1}{4\sqrt{3}}a = \left(\frac{3^{\frac{1}{3}}}{2^{\frac{4}{3}}} - \frac{1}{2^{\frac{4}{3}}3^{\frac{2}{3}}}\right)V^{\frac{1}{3}} = \frac{1}{2^{\frac{1}{3}}3^{\frac{2}{3}}}V^{\frac{1}{3}};$$

脊高为 $b + \dfrac{1}{4\sqrt{3}}a = \dfrac{2^{\frac{1}{3}}}{3^{\frac{1}{3}}}V^{\frac{1}{3}}$. 截面如图 15,即六边形的一半.

结论 由于

$$3\sqrt{2} < 3^{\frac{7}{6}}2^{\frac{1}{3}},$$

所以在保证同样容量的条件下,尖顶六棱柱比屋脊四方柱用材要少.

用同样方法不难证明,体积为 V 的尖顶四方柱的表面积

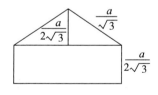

图 15

(不算底面)的最小值是 $3\sqrt{2}V^{\frac{2}{3}}$,而且仅当正方形边长为 $\sqrt{2}V^{\frac{1}{3}}$ 及檐高为 "0" 的情况下取这最小值.

说得更清楚些,这是个以 $\sqrt{2}V^{\frac{1}{3}}$ 为底边长,以 $\left(2 \times \dfrac{1}{\sqrt{8}} \times \sqrt{2}V^{\frac{1}{3}}\right) = V^{\frac{1}{3}}$ 为高的尖顶形,或即将菱形十二面体拦腰一截,所得之半.因此在同样容量下,这种容

器和尖顶六棱柱用材相同.

虽然如此，但实际测量一下，蜂房的大小与定理 1 中所给出的比例并不相合. 经过实测，$a \approx 0.35$ 厘米，深 $b + \frac{1}{\sqrt{8}}a \approx 0.70$ 厘米，而按定理 1，$b + \frac{1}{\sqrt{8}}a = \frac{1}{\sqrt{2}}a + \frac{1}{\sqrt{8}}a = \frac{3}{\sqrt{8}} \times 0.35 \approx 0.38$ 厘米.

正是：往事几百年，祖述前贤，瑕疵讹谬犹盈篇，蜂房秘奥未全揭，待我向前！

让我们再看看，添上一扇以底面做的"门"，问哪种形状最好？

先看屋脊四方柱，它是在体积为

$$V = a^2 b$$

的情况下求表面积(包括"门"在内)

$$S = 4a\left(b + \frac{\sqrt{3}}{8}a\right) + a^2$$

的最小值. 由

$$S = \frac{4V}{a} + \left(\frac{\sqrt{3}}{2} + 1\right)a^2 \geqslant 3\left[\frac{2V}{a} \times \frac{2V}{a}\left(\frac{\sqrt{3}}{2} + 1\right)a^2\right]^{\frac{1}{3}}$$

$$= 3\left[2(\sqrt{3} + 2)\right]^{\frac{1}{3}} V^{\frac{2}{3}},$$

并且仅当

$$\frac{2V}{a} = \left(\frac{\sqrt{3}}{2} + 1\right)a^2$$

时取等号，即 $a = \left[\dfrac{4}{\sqrt{3}+2} \right]^{\frac{1}{3}} V^{\frac{1}{3}} = \left[4(2-\sqrt{3}) \right]^{\frac{1}{3}} V^{\frac{1}{3}}$

时取等号．其时

$$b = \dfrac{1}{\left[4(2-\sqrt{3}) \right]^{\frac{2}{3}}} V^{\frac{1}{3}} = \left(\dfrac{2+\sqrt{3}}{4} \right)^{\frac{2}{3}} V^{\frac{1}{3}} .$$

再看尖顶六棱柱．它是在体积

$$V = \dfrac{3\sqrt{3}}{2} a^2 b$$

的情况下求表面积（包括"门"在内）

$$S = 6a\left(b + \dfrac{a}{\sqrt{8}} \right) + \dfrac{3\sqrt{3}}{2} a^2$$

的最小值．由

$$S = 2 \times \dfrac{2}{\sqrt{3}} \times \dfrac{V}{a} + \left(\dfrac{3}{\sqrt{2}} + \dfrac{3\sqrt{3}}{2} \right) a^2$$

$$\geqslant 3 \left[\dfrac{2}{\sqrt{3}} \dfrac{V}{a} \times \dfrac{2}{\sqrt{3}} \dfrac{V}{a} \left(\dfrac{3}{\sqrt{2}} + \dfrac{3\sqrt{3}}{2} \right) a^2 \right]^{\frac{1}{3}}$$

$$= 3 \left[2(\sqrt{2} + \sqrt{3}) \right]^{\frac{1}{3}} V^{\frac{2}{3}} .$$

且仅当 $\dfrac{2V}{\sqrt{3}a} = \left(\dfrac{3}{\sqrt{2}} + \dfrac{3\sqrt{3}}{2} \right) a^2 ,$

即 $a = \dfrac{4^{\frac{1}{3}}}{\sqrt{3}} (\sqrt{3} - \sqrt{2})^{\frac{1}{3}} V^{\frac{1}{3}} ,$

$$b = \frac{2}{3\sqrt{3}} \times \frac{3}{(\sqrt{3} - \sqrt{2})^{\frac{2}{3}}} \times \frac{1}{2^{\frac{4}{3}}} V^{\frac{1}{3}}$$

$$= \frac{1}{2^{\frac{1}{3}} \times \sqrt{3}(\sqrt{3} - \sqrt{2})^{\frac{2}{3}}} V^{\frac{1}{3}}$$

时取等号.

两下相比,由于

$$3\left[2(\sqrt{3} + 2)\right]^{\frac{1}{3}} > 3\left[2(\sqrt{3} + \sqrt{2})\right]^{\frac{1}{3}}.$$

所以还是尖顶六棱柱来得好.

对于尖顶四方柱而言,可以算出表面积(包括"门"在内)的最小值为 $3\left[2(2 + \sqrt{2})\right]^{\frac{1}{3}} V^{\frac{2}{3}}$,也没有尖顶六棱柱来得好.

对于尖顶六棱柱,

$$\frac{a}{b} = \frac{2}{\sqrt{3} + \sqrt{2}} \approx 0.64,$$

与实测所得的 $\frac{a}{b} \approx \frac{0.35}{0.58} \approx 0.6$ 相比相当接近. 有没有道理?

九 正 题

由上可知,客观情况并不单纯是一个"体积给定,求用材最小"的数学问题,那样的提法是不妥当的. 现在让我们来重

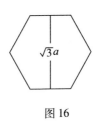

图 16

提看看.

把蜜蜂的体态入算. 从考虑它的身长、腰围入手, 怎样情况用材最省?

首先, 那尖顶六棱柱所能容纳的"腰围"等于 $\sqrt{3}a$ (图 16), 长度是 $b + \dfrac{1}{\sqrt{8}}a$. 另一方面屋脊四方柱的"腰围"等于 a_1, 长度等于 $b_1 + \dfrac{1}{4\sqrt{3}}a_1$. 让我们在粗长各相等, 即在

$$\sqrt{3}a = a_1,$$

$$b + \frac{1}{\sqrt{8}}a = b_1 + \frac{1}{4\sqrt{3}}a_1$$

的条件下考虑问题. 由于

$$S_1 = 4\,a_1\left(b_1 + \frac{\sqrt{3}}{8}a_1\right)$$

$$= 4\,a_1\left[\left(b_1 + \frac{1}{4\sqrt{3}}a_1\right) + \left(\frac{\sqrt{3}}{8} - \frac{1}{4\sqrt{3}}\right)a_1\right]$$

$$> 4\,a_1\left(b_1 + \frac{1}{4\sqrt{3}}a_1\right) = 4\sqrt{3}a\left(b + \frac{1}{\sqrt{8}}a\right)$$

$$> 6a\left(b + \frac{1}{\sqrt{8}}a\right) = S.$$

即在同长同粗的情况下，尖顶六棱柱比屋脊四方柱省料些.

这建议了以下的猜测：

量体裁衣，形状为尖顶六棱柱的蜂房，是最省材料的结构，它比屋脊四方柱还要节省材料.

再看带"门"的情况. 仍然

$$\sqrt{3}a = a_1, \quad b + \frac{1}{\sqrt{8}}a = b_1 + \frac{1}{4\sqrt{3}}a_1.$$

但需要比较 $S_1 = 4a_1\left(b_1 + \frac{\sqrt{3}}{8}a_1\right) + a_1^{\,2}$

与 $S = 6a\left(b + \frac{1}{\sqrt{8}}a\right) + \frac{3\sqrt{3}}{2}a^2 = 6ab + \left(\frac{3}{\sqrt{2}} + \frac{3\sqrt{3}}{2}\right)a^2$ 谁大.

以 $a_1 = \sqrt{3}a$，$b_1 = b + \frac{1}{\sqrt{8}}a - \frac{1}{4}a$ 代入 S_1，得

$$S_1 = 4\sqrt{3}a\left(b + \frac{1}{\sqrt{8}}a - \frac{1}{4}a + \frac{3}{8}a\right) + 3a^2$$

$$= 4\sqrt{3}ab + \left(\sqrt{6} + \frac{\sqrt{3}}{2} + 3\right)a^2$$

$$> 6ab + \left(\frac{\sqrt{3}}{2} + \frac{3\sqrt{3}}{2}\right)a^2 = S.$$

也就是说，带上门，还是蜂窝来得好.

这说明了生物本身与环境的关系的统一性。

　　附记　读者不难证明，如果我们考虑 x，y 轴刻度不一致的

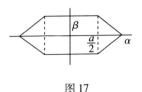

图 17

正六边形(图 17),考虑由此所作出的六棱柱和尖顶六棱柱,我们不难证明,在体积给定的条件下,仍然以第八节中所得出的图形表面积最小.

学过微积分的读者可以看出,我实在是在"分散难点".确切地说,这是一个四个变数求条件极值的问题.四个变数是指 x,y,z 轴各增加若干倍,并在某点切下来;条件是等体积.

十　设　问

从以上所谈的一些情况看来,我们只不过从六棱柱(或四方柱)出发,按一定的切拼方法做了些研究而已.实质上,这样的看法未入事物之本质.为什么仅从六棱柱出发,而不能从三角柱、四方柱或其他柱形出发,甚至于为什么要从柱形出发?更不要说切拼之法也是千变万化了!甚至于为什么要从切拼得来!越想问题越多,思路越宽.

把两个蜂房门对门地连接起来,得出以下两种可能的图形(图18、19).

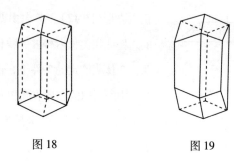

图 18   图 19

这两图形都有以下的性质：用这种形式的砖可以填满整个空间．有这样性质的砖，就是结晶体．图 19 所表达的其实就是透视石的晶体．

两个屋脊四棱柱口对口地接在一起，两个尖顶四棱柱口对口地接在一起，各得黄赤沸石(图 20)与锆英石(图 21)的晶体图形．特别，两个尖顶形口对口地接在一起得一菱形十二面体，也就是石榴子石晶体的图形(图 22)．

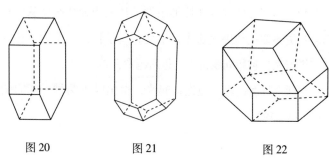

图 20   图 21   图 22

因而归纳出以下的基本问题：

问题 1 怎样的体可以作为晶体？也就是说，用同样的体可以无穷无尽地，无空无隙地填满整个空间．

这是有名的晶体问题．经过费德洛夫的研究知道，晶体可分为 230 类．

问题 2 给定体积，哪一类晶体的表面积最小？

问题 3 给一个一定的体形，求出能包有这体形的表面积最小的晶体．例如，图 23 给了一个橄榄或一个陀螺，求包这橄榄或陀螺的表面积最小的晶体．把那晶体拦腰切为两段，那可能是蜂房的最佳结构了．

为了补充些感性知识，我们再讲些例子．

柱体填满空间的问题等价于怎样的样板可以填满平面的问题．以任何一个三角形为样板都可以填满平面(图 24)．任何四边形也可以作为样板用来填满平面(图 25)．一个正六边形(或六个角都是 120°的图形)，也可以用来作为样板填满平面(图 26)．

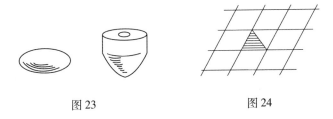

图 23   图 24

在这三个图形中可以看出什么公共性质？例如图 24 的各边中点形成怎样的网格；在图 26 中连上六边形的三条"对角线"得出怎样的图形？

为什么要求的只是填上整个空间或平面，而不是一个球或一个圆柱？

现在让我们以球为例来做一些探讨．

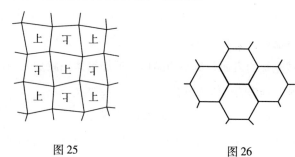

图 25   图 26

例 1 把球分为二十四等份．以球心为原点，引三条坐标轴，将球分为八等份（八个卦限，每个卦限一份）如图 27；再从每片球面的中心向三顶点如图划分，共得 24 份．

例 2 把球分为六十等份．从球内接正二十面体（图 28）出发，向球上投影得 20 个三角形；再把每一个三角形依中心到三角的连线分为三等份，因而共得 60 份．

例 3 把柱形直切成四等份；再切成片，每一个成一间房（图 29）．另一方法，作柱上开口像六边形的图形拼上（图 30）．

数学知识竞赛五讲

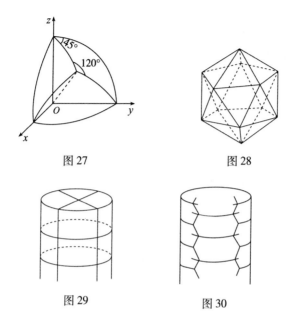

图 27 图 28

图 29 图 30

（感谢许杰教授，他给我看到了古生物笔石的模型，启发出这一图像。）

由蜂房启发出来的问题，所联想到的问题何止于此！浮想联翩，由此及彼，花样真不少呢！据说飞机的蜂窝结构也是由此而启发出来的，但可以根据不同的要求，而得出各种各样的求极值问题来（例如，使结构的强度达到最高的问题）。就数学来说，由此可以想到的问题也真不少。本文是为高中水平的读者写的，因而不能不适可而止了。但是为了让同学们在进入大学之后还可以咀嚼一番，回味一番，我在此后再添讲几节。一来看看怎样"浮想"；二来给同学提供一个例子：怎样从一个问题而复习我们所学到的东西，这样复习就使有些学过的内容自然而然地串联起来了。

十一　代　数

在阅读第十二、第十三节等内容以前，我们先来一段插话。这段插话可以不看。也许看了一下会觉得有些联系不上，但将来回顾一下，读者会有深长体会的！

经过旋转，平移，透视石(两个蜂房对合所成的图形)的表面积和体积不变。在第九节中曾经提出过把 x，y，z 轴各增长若干倍而看一个透视石体积及表面积的变化的情况。如果体积不变，怎样的倍数才能使表面积取最小值？这实质上是求：在群

$$x' = \alpha_1 x + \beta_1 y + \gamma_1 z + \delta_1, \quad y' = \alpha_2 x + \beta_2 y + \gamma_2 z + \delta_2,$$
$$z' = \alpha_3 x + \beta_3 y + \gamma_3 z + \delta_3,$$

$$\left(\begin{vmatrix} \alpha_1 & \beta_1 & \gamma_1 \\ \alpha_2 & \beta_2 & \gamma_2 \\ \alpha_3 & \beta_3 & \gamma_3 \end{vmatrix} = 1 \right)$$

数学知识竞赛五讲

下，等价于一个透视石的诸图形中，哪一个表面积最小.

看来，对平行六面体的讨论可能容易些. 用无数个同样的平行六面体可以填满空间. 如果六面体的体积给了，怎样的形状表面积最小(或棱的总长最短，或棱的长度的乘积最小)?

讲到这儿，暂且摆下，慢慢咀嚼，慢慢体会这一段话与以下所讲的东西的关系. 我们先看一批代数不等式.

例 1 求证

$$2\sqrt{|ad-bc|} \leqslant \sqrt{a^2+b^2}+\sqrt{c^2+d^2}, \qquad (1)$$

而且仅当 $\dfrac{a}{b}=-\dfrac{d}{c}$ 及 $|b|=|c|$ 或 $|a|=|b|$ 时取等号.

证 由

$$(a^2+b^2)(c^2+d^2)=(ad-bc)^2+(ac+bd)^2$$
$$\geqslant (ad-bc)^2,$$

因此

$$|ad-bc| \leqslant \sqrt{(a^2+b^2)(c^2+d^2)}, \qquad (2)$$

$$\sqrt{|ad-bc|} \leqslant \sqrt{\sqrt{a^2+b^2}\sqrt{c^2+d^2}}$$
$$\leqslant \frac{1}{2}\left(\sqrt{a^2+b^2}+\sqrt{c^2+d^2}\right),$$

即得所证.

例2 求证

$$6\sqrt{|ad-bc|} \leqslant 2\sqrt{a^2+c^2}$$

$$+\sqrt{a^2+c^2+3(b^2+d^2)-2\sqrt{3}(ab+cd)}$$

$$+\sqrt{a^2+c^2+3(b^2+d^2)+2\sqrt{3}(ab+cd)}. \tag{3}$$

读者试自己证明此式，并且试证以下两不等式．最好等证毕后再看第十三节．

例3 求证

$$16|ad-bc|^3 \leqslant (a^2+c^2)\{[a^2+c^2+3(b^2+d^2)]^2$$

$$-12(ab+cd)^2\}. \tag{4}$$

更一般些，有

例4 当 $n \geqslant 1$ 时，

$$|ad-bc|^n \leqslant \prod_{l=1}^{n}\left[(a^2+c^2)\sin^2\frac{\pi(2l-1)}{n}\right.$$

$$-2(ab+cd)\sin\frac{\pi(2l-1)}{n}\cos\frac{\pi(2l-1)}{n}$$

$$\left.+(b^2+d^2)\cos^2\frac{\pi(2l-1)}{n}\right], \tag{5}$$

或

$$|ad-bc|^{+} \leqslant \frac{1}{n}\sum_{l=1}^{n}\left[(a^2+c^2)\sin^2\frac{\pi(2l-1)}{n}\right.$$

$$-2(ab+cd)\sin\frac{\pi(2l-1)}{n}\cos\frac{\pi(2l-1)}{n}$$

$$+(b^2+d^2)\cos^2\frac{\pi(2l-1)}{n}\bigg]^{\frac{1}{2}}. \tag{6}$$

(5)式比(6)式难些,我们将在第十四节中给以证明.

十二　几　何

　　看看上节(1)式及(2)式的几何意义如何? 在平面上作三点 $O(0,0)$, $A(a,b)$ 及 $B(c,d)$. 以 OA, OB 为边的平行四边形的面积等于 $|ad-bc|$, OA, OB 的长度各为 $\sqrt{a^2+b^2}$, $\sqrt{c^2+d^2}$. 所以上节不等式(2)的意义是平行四边形的面积小于或等于两邻边的乘积.

　　而不等式(1)的意义是: 平行四边形面积的平方根小于或等于其周长的四分之一, 即四边长的平均值, 并且仅当正方形时取等号; 或者说(1)的意义也就是周长一定的平行四边形中, 以正方形的面积为最大.

　　再看不等式(3), 从代数的角度来看有些茫然, 有些突然. 但从几何来看却是"周长一定的六边形中, 以正六边形的面积为最大"的这一性质的特例. 不等式(6)也可以作如

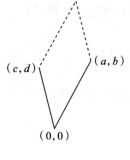

图 31

是观.

这些结果的几何意义是明显的. 但如果抛开几何，就式论式，从代数角度来看就有些意外了. 实质岂其然哉，谬以千里！那不过是几何的性质用代数的语言说出而已.

这是"几何"启发出"代数"，但代数的考虑又大大地丰富了几何. 由于几何平均小于算术平均，因此，由(6)式可以追问更精密的(5)式对不对. 要从几何角度直接看出(5)式来是不太容易的.

不要说不等式(2)简单，推广到 n 维空间就有

$$\begin{vmatrix} a_{11}, \cdots, a_{1n} \\ \cdots\cdots\cdots \\ a_{n1}, \cdots, a_{nn} \end{vmatrix} \leqslant \sum_{i=1}^{n} a_{1i}^2 \sum_{i=1}^{n} a_{2i}^2 \cdots \sum_{i=1}^{n} a_{ni}^2.$$

这是有名的 Hadamard 不等式. 但其几何直观已尽乎此点，对有丰富几何直观的人来说此式之发明并非出人意料了. 正是：

数与形，本是相倚依，焉能分作两边飞. 数缺形时少直觉，形少数时难入微. 数形结合百般好，隔裂分家万事非. 切莫忘，几何代数统一体，永远联系，切莫分离！

十三　推　广

我们现在来证明第十一节中公式(5). 在证明之前, 我们换一下符号. 命

$$A = a^2 + c^2, \quad B = -ab - cd, \quad C = b^2 + d^2,$$

因此　$(ad - bc)^2 = (a^2 + c^2)(b^2 + d^2) - (ab + cd)^2 = AC - B^2.$
第十一节的公式(5)一变而为求证: 如果 $A > 0$, $AC - B^2 > 0$, 则

$$(AC - B^2)^{\frac{n}{2}} \leqslant \prod_{l=1}^{n} \Big[A \sin^2 \frac{\pi(2l-1)}{n}$$

$$+ 2B \sin \frac{\pi(2l-1)}{n} \cos \frac{\pi(2l-1)}{n}$$

$$+ C \cos^2 \frac{\pi(2l-1)}{n} \Big]. \tag{1}$$

这式子的右边用 P 表之, 用倍角公式得

$$P = \prod_{l=1}^{n} \Big[\frac{1}{2}(A + C) + B \sin \frac{2\pi(2l-1)}{n}$$

$$+ \frac{1}{2}(C - A) \cos \frac{2\pi(2l-1)}{n} \Big]$$

$$= \prod_{l=1}^{n} \Big[p - q \cos \Big(\frac{2\pi(2l-1)}{n} + \eta \Big) \Big],$$

这儿 $\qquad p = \dfrac{1}{2}(A+C)$, $q = \sqrt{B^2 + \dfrac{1}{4}(C-A)^2}$, $\qquad$ (2)

及 $\qquad\qquad\qquad \sin\eta = \dfrac{1}{2}(C-A)/q$.

考虑

$$\left[u - v\exp\left(\dfrac{2\pi(2l-1)i}{n} + \eta i\right)\right]\left[u - v\exp\left(-\dfrac{2\pi(2l-1)i}{n} - \eta i\right)\right]$$

$$= u^2 + v^2 - 2uv\cos\left(\dfrac{2\pi(2l-1)}{n} + \eta\right),$$

这儿 e^x 写成为 $\exp x$, 如果取得 u, v 使

$$u^2 + v^2 = p, \quad 2uv = q, \qquad\qquad (3)$$

则 P 可以写成为 $Q\bar{Q}$, 其中

$$Q = \prod_{l=1}^{n} \left(u - v\, e^{\eta i} e^{2\pi i(2l-1)/n} \right).$$

当 n 是奇数时,

$$Q = \prod_{m=1}^{n} \left(u - v\, e^{\eta i} e^{2\pi i m/n} \right) = u^n - v^n e^{ni\eta},$$

即得 $\qquad P = (u^n - v^n e^{ni\eta})(u^n - v^n e^{-ni\eta})$

$$= u^{2n} + v^{2n} - 2\, u^n v^n \cos n\eta; \qquad\qquad (4)$$

当 n 是偶数时,

$$Q = \prod_{l=1}^{\frac{n}{2}} \left(u - v\, e^{\eta i} e^{-2\pi i n} e^{2nl} \big/ {\tfrac{n}{2}} \right)^2$$

$$= \left[u^{\frac{n}{2}} - \left(v\, e^{\eta i} e^{-2\pi i n} \right)^{\frac{n}{2}} \right]^2 = \left(u^{\frac{n}{2}} + v^{\frac{n}{2}} e^{n\eta i/2} \right)^2.$$

即得

$$P = \left(u^n + v^n + 2\, u^{\frac{n}{2}} v^{\frac{n}{2}} \cos \frac{n\eta}{2} \right)^2. \tag{5}$$

我们现在需要以下的简单引理.

引理 当 $u > v \geqslant 0$ 及 $m \geqslant 2$ 时,

$$(u^m - v^m)^2 \geqslant (u^2 - v^2)^m. \tag{6}$$

这引理等价于,当 $1 > x > 0$ 时,

$$(1 - x^m)^2 \geqslant (1 - x^2)^m.$$

证 由于 $x^m > x^{m+1}$,所以,若原式成立,应有

$$(1 - x^{m+1})^2 > (1 - x^m)^2 > (1 - x^2)^m (1 - x^2) = (1 - x^2)^{m+1}.$$

原式在 $m = 2$ 时显然成立.因此,由数学归纳法可以证明(6)式.

把这引理用到(4)式,当 n 是奇数时,

$$P \geqslant u^{2n} + v^{2n} - 2\, u^n v^n = (u^n - v^n)^2 \geqslant (u^2 - v^2)^n.$$

由(3)及(2)可知

$$(u^2 - v^2)^2 = p^2 - q^2 = \frac{1}{4}(A + C)^2 - B^2 - \frac{1}{4}(A - C)^2$$

$$= AC - B^2,$$

即得(1)式.

当 n 是偶数时,由(5)式

$$P \geqslant \left(u^n + v^n - 2\, u^{\frac{n}{2}} v^{\frac{n}{2}} \right)^2 = \left(u^{\frac{n}{2}} - v^{\frac{n}{2}} \right)^4$$

$$\geqslant (u^2 - v^2)^n = (AC - B^2)^{\frac{n}{2}},$$

也得（1）式.

附记 1 当 $m > 2$ 时，引理中的不等式，当且仅当 $v = 0$ 时取等号，而 $v = 0$ 等价于

$$q = B^2 + \frac{1}{4}(C - A)^2 = 0,$$

即当且仅当 $B = 0$，$A = C$ 时，（1）式取等号. 但须注意 $n = 4$ 的情况必须除外（因为 $m = 2$ 了），这时取等号的情形应当是 $\cos 2\eta = -1$，即 $\eta = 90°$，及 $A = C$.

回到原来的问题，当 $n \neq 4$ 时，

$$a^2 + c^2 = b^2 + d^2, \quad ab + cd = 0, \tag{7}$$

即第十一节（6）式成立，而且仅当（7）式成立时取等号.

附记 2 当 $n = 4$ 时，不等式第十一节（5）是

$$(ab - cd)^2 \leqslant \frac{1}{4}[(a+b)^2 + (c+d)^2][(a-b)^2 + (c-d)^2],$$

当且仅当 $a^2 + c^2 = b^2 + d^2$ 时取等号. 换符号

$$\alpha = a + b, \quad \beta = a - b, \quad \gamma = c + d, \quad \delta = c - d,$$

则得 $\qquad (\alpha\delta - \beta\gamma)^2 \leqslant (\alpha^2 + \gamma^2)(\beta^2 + \delta^2),$

当且仅当 $a^2 + c^2 - b^2 - d^2 = \alpha\beta + \gamma\delta = 0$ 时取等号. 这就是 Hadamard 不等式.

这样的推广实际上可以说"退了一步"的推广. 我们原来

所讨论的问题是三维的，而我们退成二维，然后看看二维中有哪些推广的可能性．这是一般的研究方法：先足够地退到我们所最容易看清楚问题的地方，认透了钻深了，然后再上去．

我们再看另外一个例子，在这例子中我们希望把三角形，四面体……推广到 n 维空间的 $(n+1)$ 面体的问题．

在 n 维空间取 $n+1$ 点，这 $n+1$ 点中的任意 n 点决定一平面，共有 $n+1$ 个面，这些面包有的体的容积是 V．过 $n+1$ 点中的任意两点可以作一线段，共有 $\frac{1}{2}n(n+1)$ 条线段．我们的问题是 V 给定了，求这 $\frac{1}{2}n(n+1)$ 条线段乘积的最小值．

读者不要小看这问题，自己试试"四面体"便知其分量了．

十四　极　限

把第十一节的(6)式推到 $n\to\infty$ 的情形．由积分的定义

$$|ad-bc|^{\frac{1}{2}} \leqslant \lim_{\ln\to\infty} \frac{1}{n} \sum_{l=1}^{n} \left[(a^2+c^2) \sin^2 \frac{\pi(2l-1)}{n} \right.$$

$$- 2(ab + cd)\sin\frac{\pi(2l-1)}{n}\cos\frac{\pi(2l-1)}{n}$$

$$+ (b^2 + d^2)\cos^2\frac{\pi(2l-1)}{n}\Big]^{\frac{1}{2}}$$

$$= \frac{1}{2\pi}\int_0^{2\pi}\big[(a\sin\theta - b\sin\theta)^2 + (c\sin\theta - d\cos\theta)^2\big]^{\frac{1}{2}}d\theta.$$

换符号 $a^2 + c^2 = A$，$B = -ab - cd$，$C = b^2 + d^2$，则得

$$(AC - B^2)^{\frac{1}{4}} \leqslant \frac{1}{2\pi}\int_0^{2\pi}(A\sin^2\theta + 2B\sin\theta\cos\theta + C\cos^2\theta)^{\frac{1}{2}}d\theta.$$

$$(1)$$

从第十一节(5)可以得出更精密的不等式

$$\frac{1}{2}\log(AC - B^2) \leqslant \frac{1}{2\pi}\int_0^{2\pi}\log(A\sin^2\theta + 2B\sin\theta\cos\theta + C\cos^2\theta)d\theta.$$

$$(2)$$

我们能不能直接证明这些不等式？能！读过微积分的读者自己想想看。

十五　抽　象

在平面上给出一块样板 N（图32），变换

$$(T) \begin{cases} \xi = ax + by + p, \\ \eta = cx + dy + q. \end{cases} ad - bc \neq 0.$$

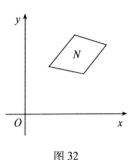

把 N 变成为 (ξ, η) 平面上的 $N(T)$. $N(T)$ 的面积及周界长度各命之为 $A(T)$ 与 $L(T)$,

求

图 32

$$\frac{[A(T)]^{\frac{1}{2}}}{L(T)}$$

的最大值.

取单位圆内接正 n 边形为样板, 它的周长和面积各为

$2n\sin\dfrac{\pi}{n}$ 与 $\dfrac{n}{2}\sin\dfrac{2\pi}{n}$. 不妨假定正 n 边形的顶点就是

$$\left(\cos\frac{2\pi l}{n}, \ \sin\frac{2\pi l}{n}\right), \ l = 0, \ 1, \ 2, \ \cdots, \ n-1.$$

经变换 (T) 后, 这 n 点各变为

$$\begin{cases} \xi_l = a\,\cos\dfrac{2\pi l}{n} + b\,\sin\dfrac{2\pi l}{n} + p, \\ \eta_l = c\,\cos\dfrac{2\pi l}{n} + d\,\sin\dfrac{2\pi l}{n} + q. \end{cases}$$

第 l 边的长度是

$$\sqrt{(\xi_l - \xi_{l-1})^2 + (\eta_l - \eta_{l-1})^2}$$

$$= 2\sin\frac{\pi}{n}\left\{\left[-a\sin\frac{\pi(2l-1)}{n}+b\cos\frac{\pi(2l-1)}{n}\right]^2\right.$$

$$\left.+\left[-c\sin\frac{\pi(2l-1)}{n}+d\cos\frac{\pi(2l-1)}{n}\right]^2\right\}^{\frac{1}{2}},$$

因此总长度是

$$L(T)=2\sin\frac{\pi}{n}\sum_{l=1}^{n}\left\{\left[-a\sin\frac{\pi(2l-1)}{n}+b\cos\frac{\pi(2l-1)}{n}\right]^2\right.$$

$$\left.+\left[-c\sin\frac{\pi(2l-1)}{n}+d\cos\frac{\pi(2l-1)}{n}\right]^2\right\}^{\frac{1}{2}};$$

而新的 n 边形的面积不难算出是

$$A(T)=|ad-bc|\frac{n}{2}\sin\frac{2\pi}{n}.$$

因此本节开始提出的问题的解答已由第十一节公式(6)给出:

$$\frac{[A(T)]^{\frac{1}{2}}}{L(T)}\leqslant\frac{\left(\dfrac{n}{2}\sin\dfrac{2\pi}{n}\right)^{\frac{1}{2}}}{2n\sin\dfrac{\pi}{n}}.$$

当 $n\to\infty$ 时, n 边形趋于圆, $A(T)$ 与 $L(T)$ 各趋于该圆经 (T) 变换而变成的椭圆的面积 A 与周长 L, 而且有不等式

$$A\leqslant\frac{1}{4\pi}L^2.$$

这式是有名的等边长问题的特例. 但(5)式比(6)式更精确, 其极限已如上节所述, 因而改进了等边界问题的不等式. 必

须指出，适合原不等式的函数类是很宽的，对改进了的不等式来说范围狭窄了很多．

我们这儿只不过就平面问题做了一个简单的开端，所联系到的与格子论、群论、不等式论、变分法等有关的问题还不少呢！但写得太多是篇幅所不允许的，并且可能有人会说有些牵强附会了．实质上，千丝万缕的关系看来若断若续，而这正是由此及彼，由表及里的线索呢！总之，想、联想，看、多看，问题只会愈来愈多的．至于运用之妙，那只好存乎其人了！但习惯于思考联想的人一定会走得深些远些；没有思考联想的人，虽然读破万卷书，依然看不到书外的问题．

1963 年除夕初稿

1964 年 1 月 12 日完稿于铁狮子坟

（据北京出版社 1979 年版排印）

大哉数学之为用[①]

数 与 量

数（读作 shù）起源于数（读作 shǔ），如一、二、三、四、五……，一个、两个、三个……．量（读作 liàng）起源于量（读作 liáng）．先取一个单位做标准，然后一个单位一个单位地量．天下虽有各种不同的量（各种不同的量的单位如尺、斤、斗、秒、伏特、欧姆和卡路里等），但都必须通过数才能

[①] 本文曾于 1959 年 5 月 28 日发表在《人民日报》上．后曾以"数学的用场与发展"为题转载在《现代科学技术简介》（科学出版社，1978 年）上．转载时，作者认为时代已有很大发展，内容要重新修改补充．由于时间仓促，只能根据他的口述笔录对原稿加以整理发表．他再三提出，希望听取各方面的宝贵意见，以便在适当时候对这篇文章加以补充修改．

确切地把实际的情况表达出来．所以"数"是各种各样不同量的共性，必须通过它才能比较量的多寡，才能说明量的变化．

"量"是贯穿到一切科学领域之内的，因此数学的用处也就渗透到一切科学领域之中．凡是要研究量、量的关系、量的变化、量的关系的变化、量的变化的关系的时候，就少不了数学．不仅如此，量的变化还有变化，而这种变化一般也是用量来刻画的．例如，速度是用来描写物体的变化的动态的，而加速度则是用来刻画速度的变化．量与量之间有各种各样的关系，各种各样不同的关系之间还可能有关系．为数众多的关系还有主从之分——也就是说，可以从一些关系推导出另一些关系来．所以数学还研究变化的变化，关系的关系，共性的共性，循环往复，逐步提高，以至于无穷．

数学是一切科学得力的助手和工具．它有时由于其他科学的促进而发展，有时也先走一步，领先发展，然后再获得应用．任何一门科学缺少了数学这一项工具便不能确切地刻画出客观事物变化的状态，更不能从已知数据推出未知的数据来，因而就减少了科学预见的可能性，或者减弱了科学预见的精确度．

恩格斯说："纯数学的对象是现实世界的空间形式和数量

关系．"数学是从物理模型抽象出来的，它包括数与形两方面的内容．以上只提要地讲了数量关系，现在我们结合宇宙之大来说明空间形式．

宇宙之大

宇宙之大，宇宙的形态，也只有通过数学才能说得明白．天圆地方之说，就是古代人民用几何形态来描绘客观宇宙的尝试．这种"苍天如圆盖，陆地如棋局"的宇宙形态的模型，后来被航海家用事实给以否定了．但是，我国从理论上对这一模型提出的怀疑要早得多，并且也同样地有力．论点是："混沌初开，乾坤始奠，气之轻清上浮者为天，气之重浊下凝者为地．"但不知轻清之外，又有何物？也就是圆盖之外，又有何物？三十三天之上又是何处？要想解决这样的问题，就必须借助于数学的空间形式的研究．

四维空间听来好像有些神秘，其实早已有之，即以"宇宙"二字来说，"往古来今谓之宙，四方上下谓之宇"(《淮南子·齐俗训》)就是宇是东西、南北、上下三维扩展的空间，而宙是一维的时间．牛顿时代对宇宙的认识也就是如此．宇宙是一个无边无际的三维空间，而一切的日月星辰都安排在这框架中运动. 找出这些星体的运动规律是牛顿的一大发明,也是物理模型促进数学方法,而数学方法则是用来说明物理现象的一个好典范. 由于物体的运动不是等加速度,要描绘不是等加速度,就不得不考虑速度时时在变化的情况,于是乎微商出现了. 这是刻画加速度的好工具. 由牛顿当年一身而二任焉,既创造了新工具——微积分,又发现了万有引力定律. 有了这些,宇宙间一切星辰的运动初步统一地被解释了. 行星凭什么以椭圆轨道绕日而行的,何时以怎样的速度达到何处等,都可以算出来了.

有人说西方文明之飞速发展是由于欧几里得几何的推理方法和进行系统实验的方法. 牛顿的工作也是逻辑推理的一个典型. 他用简单的几条定律推出整个的力学系统,大至解释天体的运行,小到造房、修桥、杠杆、称物都行. 但是人们在认识自然界时建立的理论总是不会一劳永逸完美无缺的,牛顿力学不能解释的问题还是有的. 用它解释了行星绕日公转,但行星自转又如何解释呢?地球自转一天24小时有昼有夜,水星自转周期和公转一样,半面永远白天,半面永远黑夜. 一个有名的问题:水星进动每百年42″,是牛顿力学无法解释的.

爱因斯坦不再把"宇""宙"分开来看,也就是时间也在进行着．每一瞬间三维空间中的物质在占有它一定的位置．他根据麦克斯韦－洛伦兹的光速不变假定，并继承了牛顿的相对性原理而提出了狭义相对论．狭义相对论中的洛伦兹变换把时空联系在一起，当然并不是消灭了时空特点．如向东走三里，再向西走三里，就回到原处，但时间则不然，共用了走六里的时间．时间是一去不复返地流逝着．值得指出的是有人推算出狭义相对论不但不能解释水星进动问题，而且算出的结果是"退动"．这是误解．我们能算出进动28″，即客观数的三分之二．另外，有了深刻的分析，反而能够浅出，连微积分都不要用，并且在较少的假定下，就可以推出爱因斯坦狭义相对论的全部结果．

爱因斯坦进一步把时、空、物质联系在一起，提出了广义相对论，用它可以算出水星进动是43″，这是支持广义相对论的一个有力证据，由于证据还不多，因此对广义相对论还有不少看法，但它的建立有赖于数学上的先行一步．如先有了黎曼几何．另一方面它也给数学提出了好些到现在还没有解决的问题．对宇宙的认识还将有多么大的进展，我不知道，但可以说，每一步都是离不开数学这个工具的．

粒子之微

佛经上有所谓"金粟世界"，也就是一粒粟米也可以看作一个世界。这当然是佛家的幻想。但是我们今天所研究的原子却远远地小于一粒粟米，而其中的复杂性却不亚于一个太阳系。

即使研究这样小的原子核的结构也还是少不了数学。描述原子核内各种基本粒子的运动更是少不了数学。能不能用处理普遍世界的方法来处理核子内部的问题呢？情况不同了！在这里，牛顿的力学，爱因斯坦的相对论都遇到了困难。在目前人们应用了另一套数学工具，如算子论、群表示论、广义函数论等。这些工具都是近代的产物。即使如此，也还是不能完整地说明它。

在物质结构上不管分子论、原子论也好，或近代的核子结构、基本粒子的互变也好，物理科学上虽然经过了多次的概念革新，但自始至终都和数学分不开。不但今天，就是将来，也有一点是可以肯定的，就是一定还要用数学。

是否有一个统一的处理方法，把宏观世界和微观世界统一在一个理论之中，把四种作用力统一在一个理论之中，这是物理学家当前的重大问题之一．不管将来他们怎样解决这个问题，但是在处理这些问题的数学方法必须统一．必须有一套既可以解释宏观世界又可以解释微观世界的数学工具．数学一定和物理学刚开始的时候一样，是物理科学的助手和工具．在这样的大问题的解决过程中，也可能如牛顿同时发展天体力学和发明微积分那样，促进数学的新分支的创造和形成．

火箭之速

在今天用"一日千里"来形容慢则可，用来形容快则不可了！人类可创造的物体的速度远远地超过了"一日千里"．飞机虽快到日行万里不夜，但和宇宙速度比较，也显得缓慢得很．古代所幻想的朝昆仑而暮苍梧，在今天已不足为奇．

不妨回忆一下，在星际航行的开端——由诗一般的幻想进入科学现实的第一步，就是和数学分不开的．早在牛顿时代就算出了每秒钟近 8 公里的第一宇宙速度，这给科学技术工作者指出了奋斗目标．如果能够达到这一速度，就可以发射地球卫星．1970 年我国发射了第一颗人造卫星．数学工作者自始至终都参与这一工作(当然，其中不少工作者不是以数学工作者见称，而是运用数学工具者）．作为人造行星环绕太阳运行所必须具有的速度是 11.2 公里/秒，称为第二宇宙速度；脱离太阳系飞向恒星际空间所必须具有的速度是 16.7 公里/秒，称为第三宇宙速度．这样的目标，也将会逐步去实现．

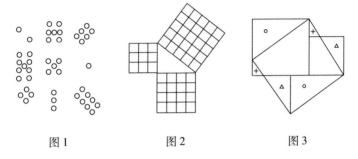

图 1　　　　　　　图 2　　　　　　　图 3

顺便提一下，如果我们宇宙航船到了一个星球上，那儿也有如我们人类一样高级的生物存在．我们用什么东西作为我们之间的媒介．带幅画去吧，那边风景殊不了解．带一段录音去吧，也不能沟通．我看最好带两个图形去．一个"数"，一个"数形关系"（勾股定理）（图 1 和图 2）．

为了使那里较高级的生物知道我们会几何证明，还可送去上面的图形，即"青出朱入图"（图 3）．这些都是我国古代数学史上的成就．

化工之巧

　　化学工业制造出的千千万万种新产品，使人类的物质生活更加丰富多彩，真是"巧夺天工"，"巧夺造化之工"。在制造过程中，它的化合与分解方式是用化学方程来描述的，但它是在变化的，因此，伟大革命导师恩格斯明确指出："表示物体的分子组合的一切化学方程式，就形式来说是微分方程式。但是这些方程式实际上已经由于其中所表示的原子量而积分起来了。化学所计算的正是量的相互关系为已知的微分。"

　　为了形象化地说明，例如，某种物质中含有硫，用苯提取硫。苯吸取硫有一定的饱和量，在这个过程中，苯含硫越多越难再吸取硫，剩下的硫越少越难被苯吸取。这个过程时刻都在变化，吸收过程速度在不断减慢着。实验本身便是这个过程的积分过程，它的数学表达形式就是微分方程式及其求解。简单易做的过程我们可以用实验去解决，但对于复杂、难做的过程，则常常需要用数学手段来加以解决。特别是选取最优过程的工艺，数学手段更成为必不可少的手段。特别是量子化学的发展，使得化学研究提高到量子力学的阶段，数学手段——微分方程及矩阵、图论更是必需的数学工具．

应用了数学方法还可使化学理论问题得到极大的简化．例如，对于共轭分子的能级计算，在共轭分子增大时十分困难．应用了分子轨道的图形理论，由图形来简化计算，取得了十分直观和易行的效果，便是一例，其主要根据是如果一个行列式中的元素为 0 的多，那就可以用图论来简化计算．

地球之变

我们所生活的地球处于多变的状态之中，从高层的大气，到中层的海洋，下到地壳，深入地心都在剧烈地运动着，而这些运动规律的研究也都用到数学．

大气环流，风云雨雪，天天需要研究和预报，使得农民可以安排田间农活，空中交通运输可以安排航程．飓风等灾害性天气的预报，使得海军、渔民和沿海地区能够及早预防，减少损害．而所有这些预报都离不了数学．

"风乍起，吹皱一池春水．"风和水的关系自古便有记述，"无风不起浪"．但是风和浪的具体关系的研究，则是近代才逐步弄清的，而在风与浪的关系中用到了数学的工具，例如偏微分方程的间断解的问题.

大地每年有上百万次的地震,小的人感觉不到,大的如果发生在人烟稀少的地区,也不成大灾.但是每年也有几次在人口众多的地区的大震,形成大灾.对地壳运动的研究,对地震的预报,以及将来进一步对地震的控制都离不开数学工具.

生物之谜

生物学中有许许多多的数学问题.蜜蜂的蜂房为什么要

图 4

像如下的形式(图4),一面看是正六边形,另一面也是如此.但蜂房并不是六棱柱,而它的底部是由三个菱形所拼成的.图5是蜂房的立体图.这个图比较清楚,更具体些,拿一支六棱柱的铅笔未削之前,铅笔一端形状是 *ABC DEF* 正六边形(图6).通过 *AC*,一刀切下一角,把三角形 *ABC* 搬置 *AOC* 处.过 *AE*,*CE* 也如此同样切两刀,所堆成的形状就是图7,而蜂巢就是两排这样的蜂房底部和底部相接而成.

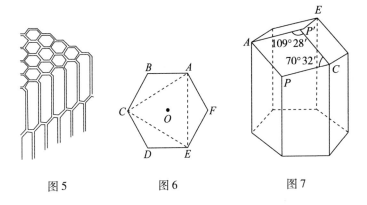

图 5   图 6   图 7

关于这个问题有一段趣史：巴黎科学院院士数学家克尼格，从理论上计算，为使消耗材料最少，菱形的两个角度应该是 $109°26'$ 和 $70°34'$．与实际蜜蜂所做出的仅相差 2 分．后来苏格兰数学家马克劳林重新计算，发现错了的不是小小的蜜蜂，而是巴黎科学院的院士，因克尼格用的对数表上刚好错了一个字．这 18 世纪的难题，1964 年我用它来考过高中生，不少高中生提出了各种各样的证明．

这一问题，我写得篇幅略长些，目的在于引出生物之谜中的数学，另一方面也希望生物学家给我们多提些形态的问题，蜂房与结晶学联系起来，这是"透视石"的晶体．

再回到化工之巧，有多少种晶体可以无穷无尽、无空无隙地填满空间，又要用到数学．数学上已证明，只有 230 种．

还有如胰岛素的研究中，由于复杂的立体模型也用了复杂的数学计算。生物遗传学中的密码问题是研究遗传与变异这一根本问题的，它的最终解决必然要考虑到数学问题。生物的反应用数学加以描述成为工程控制论中"反馈"的泉源。神经作用的数学研究为控制论和信息论提供了现实的原型。

日用之繁

日用之繁，的确繁，从何谈起真为难！但也有容易处。日用之繁与亿万人民都有关，只要到群众中去，急工农之所急，急生产和国防之所急，不但可以知道哪些该搞，而且知道轻重缓急。群众是真正的英雄，遇事和群众商量，不但政治上有提高，业务上也可以学到书本上所读不到的东西。像我这样自学专攻数学的，也在各行各业师傅的教育下，学到了不少学科的知识，这是一个大学一个专业中所学不到的。

我在日用之繁中搞些工作始于 1958 年，但真正开始是 1964 年接受毛主席的亲笔指示后。并且使我永远不会忘记的是在我刚迈出一步写了《统筹方法平话》下到基层试点时，毛主席又为我指出："不为个人，而为人民服务，十分欢迎"的奋斗目标。后来在周总理关怀下又搞了《优选法》。由于各省、市、自治区的领导的关怀，我曾有机会到过 20 个省市、下过数以千计的工矿农村，拜得百万工农老师，形成了有工人、技术人员和数学工作者参加的普及、推广数学方法的小分队。通过群众性的科学实验活动证明，数学确实大有用场，数学方法用于革新挖潜，能为国家创造巨大的财富。回顾以往，真有"抱着金饭碗讨饭吃"之感。

由于我们社会主义制度的优越性，在这一方面可能有我们自己的特点，不妨结合我下去后的体会多谈一些。

统筹方法不仅可用于一台机床的维修、一所房屋的修建、一组设备的安装、一项水利工程的施工，更可用于整个企业管理和大型重点工程的施工会战。大庆新油田开发，万人千台机的统筹，黑龙江省林业战线采、运、用、育的统筹，山西省大同市口泉车站运煤统筹，太原铁路局太钢和几个工矿的联合统筹，还有一些省市公社和大队的农业生产统筹等，都取得了良好效果。看来统筹方法宜小更宜大。大范围的过细统筹效果更好，油水更大。特别是把方法交给广大群众，结合具体实际，大家动手搞起来，由小到大、由简到繁，在普及的基础上进一步提高，收效甚大。初步设想可以概括成 12 个字：大统筹，理数据，建系统，策发展，使之发展成一门学科——统筹学，以适应我国具体情况，体现我们社会主义社会特点．统筹的范围越大，得到和用到的数据也越多．我们不仅仅是消极地统计这些数据，而且还要从这些数据中取出尽可能多的信息来作为指导．因此数据处理提到了日程上来．数据纷繁就要依靠电子计算机．新系统的建立和旧系统的改建和扩充，都必须在最优状态下运行．更进一步就是策发展，根据今年的情况明年如何发展才更积极又可靠，使国民经济的发展达到最大可能的高速度．

优选法是采用尽可能少的试验次数，找到最好方案的方法．优选学作为这类方法的数学理论基础，已有初步的系统研究．实践中，优选法的基本方法，已在大范围内得到推广．目前，我国化工、电子、冶金、机械、轻工、纺织、交通、建材等方面都有较广泛的应用．在各级党委的领导下，大搞推广应用优选法的群众活动，各行各业搞，道道工序搞，短期内就可以应用优选法开展数以万计项目的试验．使原有的工艺水平普遍提高一步．在不添人、不增设备、不加或少加投资的情况下，就可收到优质、高产、低耗的效果．例如，小型化铁炉，优选炉形尺寸和操作条件，可使焦铁比一般达1：18．机械加工优选刀具的几何参数和切削用量，工效可成倍提高．烧油锅炉，优选喷枪参数，可以达到节油不冒黑烟．小化肥工厂搞优选，既节煤又增产．在大型化工设备上搞优选，提高收率潜力更大．解放牌汽车优选了化油器的合理尺寸，一辆汽车一年可节油一吨左右，全国现有民用汽车都来推广，一年就可节油 60 余万吨．粮米加工优选加工工艺，一般可提高出米率百分之一、二、三，提高出粉率百分之一．若按全国人数的口粮加工总数计算，一年就等于增产几亿斤粮食．

最好的生产工艺是客观存在的，优选法不过是提供了认识它的、尽量少做试验、快速达到目的的一种数学方法．

物资的合理调配，农作物的合理分布，水库的合理排灌，电网的合理安排，工业的合理布局，都要用到数学才能完满解决，求得合理的方案．总之一句话，在具有各种互相制约、互相影响的因素的统一体中，寻求一个最合理(依某一目的，如最经济、最省人力)的解答便是一个数学问题，这就是"多、快、好、省"原则的具体体现．所用到的数学方法很多，其中确属适用者我们也准备了一些，但由于林彪、"四人帮"一伙的干扰破坏，没有力量进行深入的工作．今天，在开创社会主义建设事业新局面的同时，数学研究和应用也必将出现一个崭新的局面．

数学之发展

宇宙之大，粒子之微，火箭之速，化工之巧，地球之变，生物之谜，日用之繁，无处不用数学．其他如爱因斯坦用了数学工具所获得的公式指出了寻找新能源的方向，并且还预示出原子核破裂发生的能量的大小．连较抽象的纤维丛也应用到了物理当中．在天文学上，也是先从计算上指出海王星的存在，而后发现了海王星．又如高速飞行中，由次音速到超音速时出现了突变，而数学上出现了混合型偏微分方程的研究．还有无线电电子学与计算技术同信息论的关系，自动化与控制技术同常微分方程的关系，神经系统同控制论的关系，形态发生学与结构稳定性的关系等不胜枚举．

数学是一门富有概括性的学问．抽象是它的特色．同是一个方程，弹性力学上是描写振动的，流体力学上却描写了流体动态，声学家不妨称它是声学方程，电学家也不妨称它为电报方程，而数学家所研究的对象正是这些现象的共性的一面——双曲型偏微分方程．这个偏微分方程的解答的性质就是这些不同对象的共同性质，数值的解答也将是它所联系各学科中所要求的数据.

不但如此,这样的共性,一方面可以促成不同分支产生统一理论的可能性,另一方面也可以促成不同现象间的相互模拟性.例如:声学家可以用相似的电路来研究声学现象,这大大地简化了声学实验的繁重性.这种模拟性的最普遍的应用便是模拟电子计算机的产生.根据神经细胞有兴奋与抑制两态,电学中有带电与不带电两态,数学中二进位数的0与1、逻辑学中的"是"与"否",因而有用电子数字计算机来模拟神经系统的尝试,及模拟逻辑思维的初步成果.

我们做如上的说明,并不意味着数学家可以自我陶醉于共性的研究之中.一方面我们得承认,要求数学家深入到研究对象所联系的一切方面是十分困难的,但是这并不排斥数学家应当深入到他所联系到的为数众多的科学之一或其中的一部分.这样的深入是完全必要的.这样做既对国民经济建设可以做出应有的贡献,而且就是对数学本身的发展也有莫大好处.

客观事物的出现一般讲来有两大类现象.一类是必然的现象——或称因果律,一类是大数现象——或称机遇律.表示必然现象的数学工具一般是方程式,它可以从已知数据推出未知数据来,从已知现象的性质推出未知现象的性质来.

通常出现的有代数方程，微分方程，积分方程，差分方程等（特别是微分方程）。处理大数现象的数学工具是概率论与数理统计。通过这样的分析便可以看出大势所趋，各种情况出现的比例规律。

数学的其他分支当然也可以直接与实际问题相联系。例如：数理逻辑与计算机自动化的设计，复变函数论与流体力学，泛函分析与群表示论之与量子力学，黎曼几何之与相对论等等。在计算机设计中也用到数论。一般说来，数学本身是一个互相联系的有机整体，而上面所提到的两方面是与其他科学接触最多、最广泛的。

计算数学是一门与数学的开始而俱生的学问，不过今天由于快速大型计算机的出现特别显示出它的重要性。因为对象日繁，牵涉日广（一个问题的计算工作量大到了前所未有的程度）。解一个一百个未知数的联立方程是今天科学中常见的（如水坝应力，大地测量，设计吊桥，大型建筑等），仅靠笔算就很困难。算一个天气方程，希望从今天的天气数据推出明天的天气数据，单凭笔算要花成年累月的时间。这样算法与明天的天气何干？一个讽刺而已！电子计算机的发明就满足了这种要求。高速度大存储量的计算机的发展改变了科学研究的面貌，但是近代的电子计算机的出现丝毫没有减弱数

　　　　　　　　　　　数学知识竞赛五讲

学的重要性，相反地更发挥数学的威力，对数学的要求提得更高．繁重的计算劳动减轻了或解除了，而创造性的劳动更多了．计算数学是一个桥梁，它把数学的创造同实际结合起来．同时它本身也是一个创造性的学科．例如推动了一个新学科"计算物理学"的发展．

除掉上面所特别强调的分支以外，并不是说数学的其余部分就不重要了．只有这些重点部门与其他部分环环扣紧，把纯数学和应用数学都分工合作地发展起来，才能既符合我国当前的需要，又符合长远需要．

从历史上数学的发展的情况来看，社会愈进步，应用数学的范围也就会愈大，所应用的数学也就愈精密，应用数学的人也就愈多．在日出而作，日入而息的古代社会里，会数数就可以满足客观的需要了．后来由于要定四时，测田亩，于是需要窥天测地的几何学．商业发展，计算日繁，便出现了代数学．要描绘动态，研究关系的变化，变化的关系，因而出现了解析几何学、微积分等．

数学的用处在物理科学上已经经过历史考验而证明．它在生物科学和社会科学上的作用也已经露出苗头．存在着十分宽广的前途．

最后，我得声明一句，我并不是说其他学科不重要或次重要.应当强调的是,数学之所以重要正是因为其他学科的重要而重要的,不通过其他学科,数学的力量无法显示,更无重要之可言了.

国家新闻出版广电总局
首届向全国推荐中华优秀传统文化普及图书

‖ 大家小书书目

出版说明

　　"大家小书"多是一代大家的经典著作，在还属于手抄的著述年代里，每个字都是经过作者精琢细磨之后所拣选的。为尊重作者写作习惯和遣词风格、尊重语言文字自身发展流变的规律，为读者提供一个可靠的版本，"大家小书"对于已经经典化的作品不进行现代汉语的规范化处理。

　　提请读者特别注意。

北京出版社